2
TWO

花朵的
秘密生活

もっと美しき小さな雑草
の花図鑑

多田多惠子 著

大作晃一 摄

吴昌宇 译

中国林業出版社
China Forestry Publishing House

每一朵花都非常小，远看似乎千篇一律，其实它们各自都有着鲜明的个性。

目录

到杂草的
世界中
探索一番吧！

充满多样性的杂草世界

还有更多的杂草
在各个角落里
悄悄绽放！

其实，在距离我们的家仅仅一步之遥的地方，就有着通往奇妙世界的入口，那就是随处可见的、又小又毫不起眼的杂草。如果用放大镜凑近了观察，啊，它们的花竟然是那么纤细而美丽！

很多杂草的花都非常小，远看似乎千篇一律，其实它们各自都有着鲜明的个性。仅仅是萼片、花瓣、雄蕊、雌蕊这四个基本结构的着生方式，就可以说是千差万别。为什么会有这么丰富的多样性呢？

这可就说来话长了，因为它牵扯了许多不为人知的事情，比如植物演化的历史、DNA、花粉的传播、秘密的生殖策略等，杂草为了生存可真是拼尽全力呢。这些小花们正在轻声细语地讲述着它们的故事，现在就请你俯下身来，侧耳倾听一番吧。

不可思议的形状和漂亮的颜色

瓜子金是生活在原野中的野花，
花上拥有 2 枚宽大的萼片，
花瓣上有流苏状的凸起。

非常小又很可爱的花

过江藤的穗状花序直径只有 1cm，花朵从下往上一圈一圈地开放。

9

水芹的花混杂在草丛里不是很显眼，
不过放大了看，会发现它长得非常可爱。

水芹 ← ——— 中文名
Oenanthe javanica ← ——— 学名

伞形科水芹属 ——— 科属
♀花期 7~8 月 ✳多年生草本
🔪高 50~100cm

实物大小

花的实际大小

♀ ←花期
✳ ←生长方式
🔪 ←植株高度

不同的环境，
杂草的种类也不同，
想想这种现象背后的原因吧

杂草可以说是随处可见，但若具体到某一种，就不一定在每个地方都能看见。这本书里所介绍的植物，主要是在各地的城市公园、路边，以及空地、杂木林、农田等郊外常见的杂草。

在近郊的田野地带，迄今仍然可以看到很多在很久以前就一直生活在人们身边的"老一辈"杂草，它们依旧默默地兀自生长。这种景象真是令人怀念，不如，我们就向它打听一些过去的事情吧。

现在如果前往新建的公园或住宅区，我们还经常会遇到一些外来的杂草，它们大概原本是栽培的园艺品种，后来才逃逸出来变为杂草。

好了，我们快出门去寻找杂草吧。如果条件允许，不妨随身带上那些方便观察的工具，小小的花儿们正在等着你呢。

这些小花们
正在轻声细语地
讲述着它们的故事，
现在就请你
俯下身来，
侧耳倾听一番吧。

黄色的花

花中富含花蜜，蜜蜂在越冬前常常来采蜜。

这是一个
头状花序

每个头状花序的外侧是舌状花，中央是管状花，聚集起来就像小花束一样。"花束"的外面有总苞包裹。

大群生长的黄花
花粉过敏真不赖它

作为杂草界的大魔王，没想到它的花居然是这么可爱。花序中间的花朵如同星光一样，外面的花朵则形如缎带一般环绕其周围。高大一枝黄花原产地为北美洲，在迅速泛滥后，关于它的传闻各种各样，比如易引起花粉过敏啦，通过化感作用抑制周围植物生长呀，听起来简直就像恐怖的大魔王一样。不过最近因为病虫害，它们的入侵态势减弱了不少。其实，若说它会引起花粉过敏，可能还真是冤枉了它，因为它属于利用昆虫传粉的虫媒花，花粉并不会大量随风飘散。

高大一枝黄花

Solidago altissima

菊科 一枝黄花属

♀ 花期 10~11 月 ✳ 多年生草本

🗡 高 100~250cm

管状花具有雌蕊和雄蕊

舌状花的雌蕊显眼

轻飘飘的，好像啤酒泡沫一样

因为果序像白色泡沫，所以在日语中叫"泡立草"。

花萼冠毛状。

头状花序中有 4 朵管状花，13 朵舌状花。

管状花与舌状花都能发育成瘦果，这个花序中总共可以结出 17 枚。

轻而结实的绵毛有助于随风飞行

15

败酱的黄色小花看上去像小米。小米饭在日本也叫"女饭",有人认为败酱本来叫"女饭花",后来才变成近音的女郎花。

败酱和攀倒甑为同属的近缘种,都有着密集的小花,只是颜色不同。败酱植株纤细光滑,仿佛草原上静静伫立的女郎。攀倒甑则高大粗壮,全身被毛,如同一个健壮男子,在路旁、旷野中顽强生长。这一对植物的共同烦恼是具有体味,就算只剪下花序插在花瓶中,瓶中的水也会泛起微妙的臭味。败酱是日本"秋之七草"之一。

译注:攀倒甑又被称为"白花败酱",在中国,败酱一名源自它们茎叶干燥后都有类似腐败豆酱的臭味。

可以通过地下茎无性繁殖。

瘦果外面无翅。

花冠中心布满柔毛,富含花蜜

败酱

Patrinia scabiosifolia

忍冬科 败酱属

♀花期 8~10 月 ❋多年生草本

✂高 60~100cm

通过匍匐茎无性繁殖。

攀倒甑
Patrinia villosa

忍冬科 败酱属
♀花期 8~10 月 ❋多年生草本
🖊高 60~100cm

果实外面有宿存花萼形成的翅。

花朵白色，形似大米。大米饭在日本古代别名为"男饭"，攀倒甑在日本被为"男郎花"一名，可能是由此而来。

虽然在日本被称作"男郎花"，但也很秀气

花比败酱的花大，雄蕊也更粗壮。

外形可爱，但插花时要当心臭味

毛蕊花的叶、花，甚至雄蕊上都有着蓬松的柔毛，摸上去就像天鹅绒一样。它原产于欧洲，过去曾经被当作香草，现在则在全世界很多地方的荒地上都可见到。毛蕊花是二年生植物，发芽以后带着积蓄两年的能量，一口气长高，然后披上一生只有一次的"结婚礼服"——雄蕊上密被白毛，看上去闪闪亮亮，以此来吸引昆虫。授粉成功后，它们会耗尽生命，孕育出数量众多的种子。种子落到土壤深处后会休眠，直到有一天被翻到能见天日的地表，才会萌发。

毛蕊花

Verbascum thapsus

玄参科 毛蕊花属

♀花期 8~9 月 ✿二年生草本

✐高 100~200cm

实物大小

上方 3 枚雄蕊比较短，密被柔毛

下侧 2 枚雄蕊比较长，毛较为稀疏。

叶子摸上去手感像天鹅绒

用放大镜可以看到叶上长满了星状柔毛。

果实中有许多种子

种子可以在土中休眠上百年。

雄蕊被毛，
所以叫
毛蕊花

花冠 5 裂，上方 2 枚较小，
下方 3 枚较大，手感也像
天鹅绒。

19

蔊菜

Rorippa indica

十字花科 蔊菜属

♀ 花期 4~9 月 ✿ 多年生草本

✐ 高 10~50cm

实物大小

蔊菜的花有 4 枚花瓣、4 枚萼片、6 枚雄蕊。在 6 枚雄蕊中，内轮的 4 枚较长，外轮的 2 枚较短，称为四强雄蕊，这是绝大多数十字花科植物的共同特点。由雌蕊发育而成的果实成熟后，沿两侧开裂，中间有假隔膜，内含多粒种子，这种果实类型称为角果。蔊菜和芥菜同科，但是种子不像芥菜籽那样具有辛辣味。它们生命力顽强，即使在路边、公园等经常被人踩踏的地方，也能茁壮生长。

一点都不辣，完全不能当芥末用

花期过后，子房会伸长，发育成果实

果实沿两侧开裂，中间有假隔膜

种子形状很像芥菜籽。

十
字
花
科
蔬
菜
·
大
集
合

我们挑选其中 5 种，介绍一下它们的美丽之处。

虽然经常出现在餐桌上，但是它们的花朵却少为人知。

十字花科植物具有十字形花冠，其中包括多种蔬菜。

径 1.5 cm

径 6 mm

别名:西兰花

西蓝花

Brassica oleracea var. italica

十字花科 芸薹属

♀花期 11~5 月 ✳二年生草本

🌿高 50~80cm

西蓝花和卷心菜一样，都是甘蓝的变种，主要食用部位是花蕾期的花序。花朵本身和卷心菜的花没有区别。

别名:西洋菜

豆瓣菜

Nasturtium officinale

十字花科 豆瓣菜属

♀花期 4~7 月 ✳多年生草本

🌿高 20~50cm

和兰芥经常用来给肉类料理增添香味。它是一种水生植物，原产于欧洲，茎上可以长出不定根，在水边很容易增殖，所以在很多地方都定居下来，成为野生植物。白色的小花聚成花束，茎和叶都比较柔韧。

茎又大又粗，也可以吃。

清香味和肉类很相配。

径 2 cm

径 8 mm

径 3 cm

小松菜

Brassica rapa var. perviridis

十字花科 芸薹属

♀花期 3~4 月 ✿二年生草本

✎高 30~80cm

小松菜的花和白菜型油菜的花非常相似。事实上，它们也确实都是芸薹的栽培变种，同种的亲戚还有大白菜、青江菜、野泽菜等。

山葵

Eutrema japonicum

十字花科 山萮菜属

♀花期 3~5 月 ✿多年生草本

✎高 20~40cm

山葵不光根茎，连花梗和叶柄也都能吃。它们原本生长在山涧溪流岸边，白色的花冠其实不是真正的十字形，而是类似英文字母"X"，是日本传统的香辛蔬菜。

黄花萝卜

Eruca vesicaria subsp. sativa

十字花科 芝麻菜属

♀花期 3~7 月 ✿二年生草本

✎高 30~60cm

黄花萝卜原产于地中海沿岸地区。茎叶不仅有芝麻的香气，还有一些辛辣味和苦味，自古就是欧洲人常吃的蔬菜，花瓣上的脉纹也像欧洲服饰一样美。

叶基宽大、抱茎。

叶、花和茎都是从根状茎上抽出来的。

市售黄花萝卜一般是水培的，土培种出来的叶子会更大。

雌蕊
多子多福的

中央密集的
绿色结构是
许多彼此离
生的雌蕊

雄蕊也有很多

一般生长在植被茂密的
公园里或杂木林边。

日本路边青的每朵花中都有不止一枚雌蕊，那些像草丛一样挤在一起的绿色结构，其实是彼此分离的雌蕊。它们的雄蕊数量也很多，包围在雌蕊周围。在雄蕊和雌蕊下方，是漂亮的花瓣，再往下则是支撑起整朵花的硬质萼片。授粉过后，雌蕊伸长，柱头部分变成中段较细的"S"形。等到果实成熟后，这段较细的部分会自动断开，如此一来，残余的花柱就形成了一个精致的小钩，方便挂在动物皮毛上传播。

日本路边青

Geum japonicum

蔷薇科 路边青属
♀ 花期 6~8 月 ❋ 多年生草本
🌿 高 40~80cm

实物大小

基生叶形态很像萝卜叶。

"钩针"尖上
有着保护套。

花萼撑在花下，对花瓣和雌、雄蕊起到支撑作用。

雌蕊顶端的
"钩针"正
在发育中

果实成熟后，"保护套"的部分脱落，留下钩针一样的花柱。

四分五裂的果实
随波漂流，
传播到远方

合萌

Aeschynomene indica

豆科 合萌属

♀花期 7~10 月 ＊一年生草本
／高 50~100cm

实物大小

很多豆科植物都会把雄蕊、雌蕊等关键结构包裹在花朵内部。从层层花瓣之间的缝隙中窥视一下，啊，那黄黄的不正是花粉吗？最为重要的雌蕊，则被两片独木舟形的龙骨瓣包得严严实实，只有那些身强体壮的蜂类才能撬开它们。对蜂类来说，合萌的花就好像是只接待熟客的会员制餐厅。合萌生长在稻田之类的水边环境里，荚果成熟后会分节断开，包着种子在水面漂流，传播到远方。

羽状复叶与合欢类似，入夜后小叶会收拢。

四分五裂了

花谢之后，果实就一个接一个地冒出来

颜色和花
纹都特别
像黄桃

在花瓣深处
能看见黄色
的花粉

种水稻的农民很讨厌合萌,
因为它的黑色种子和米粒
差不多大,经常会混在糙
米中,影响大米整体品质。

27

小连翘

Hypericum erectum

金丝桃科 金丝桃属

♀花期 7~9 月 ✱多年生草本

✿高 30~60cm

实物大小

花瓣、萼片上都
有许多黑色的
条纹和斑点

每朵花只开一天,
天黑后就凋谢。

28

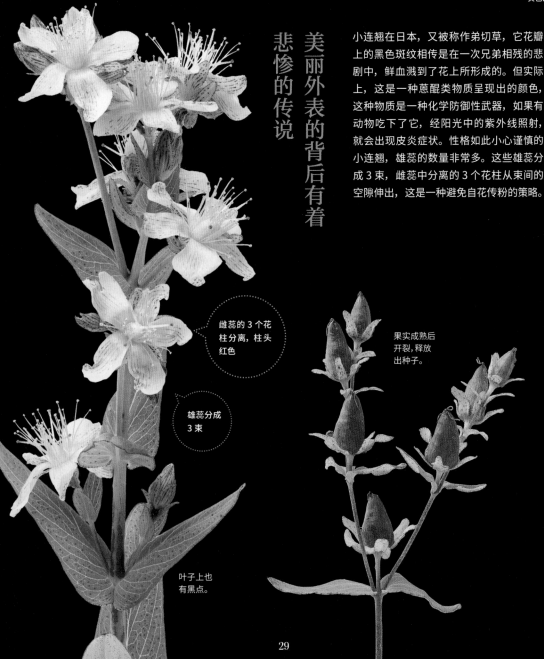

美丽外表的背后有着
悲惨的传说

小连翘在日本，又被称作弟切草，它花瓣上的黑色斑纹相传是在一次兄弟相残的悲剧中，鲜血溅到了花上所形成的。但实际上，这是一种蒽醌类物质呈现出的颜色，这种物质是一种化学防御性武器，如果有动物吃下了它，经阳光中的紫外线照射，就会出现皮炎症状。性格如此小心谨慎的小连翘，雄蕊的数量非常多。这些雄蕊分成 3 束，雌蕊中分离的 3 个花柱从束间的空隙伸出，这是一种避免自花传粉的策略。

雌蕊的 3 个花柱分离，柱头红色

雄蕊分成
3 束

果实成熟后开裂，释放出种子。

叶子上也有黑点。

29

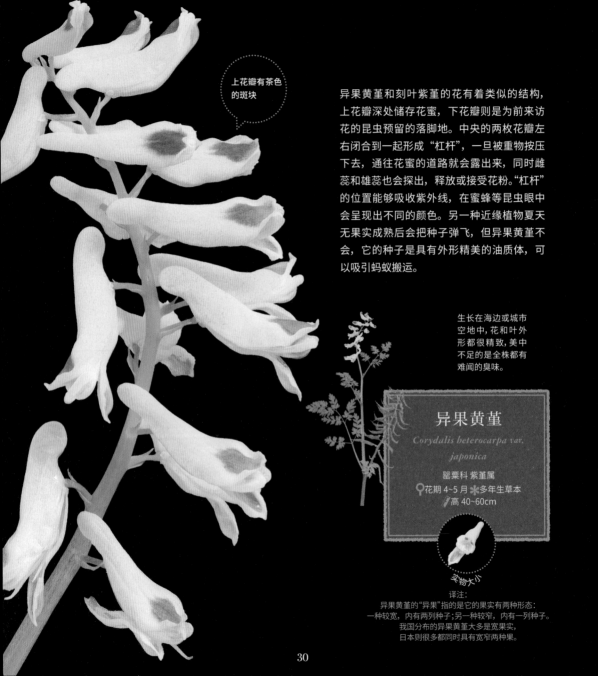

上花瓣有茶色的斑块

异果黄堇和刻叶紫堇的花有着类似的结构，上花瓣深处储存花蜜，下花瓣则是为前来访花的昆虫预留的落脚地。中央的两枚花瓣左右闭合到一起形成"杠杆"，一旦被重物按压下去，通往花蜜的道路就会露出来，同时雌蕊和雄蕊也会探出，释放或接受花粉。"杠杆"的位置能够吸收紫外线，在蜜蜂等昆虫眼中会呈现出不同的颜色。另一种近缘植物夏天无果实成熟后会把种子弹飞，但异果黄堇不会，它的种子是具有外形精美的油质体，可以吸引蚂蚁搬运。

生长在海边或城市空地中，花和叶外形都很精致，美中不足的是全株都有难闻的臭味。

异果黄堇

Corydalis heterocarpa var. japonica

罂粟科 紫堇属
♀花期 4~5 月 ☀多年生草本
🌱高 40~60cm

实物大小

译注：
异果黄堇的"异果"指的是它的果实有两种形态：
一种较宽，内有两列种子；另一种较窄，内有一列种子。
我国分布的异果黄堇大多是宽果，
日本则很多都同时具有宽窄两种果。

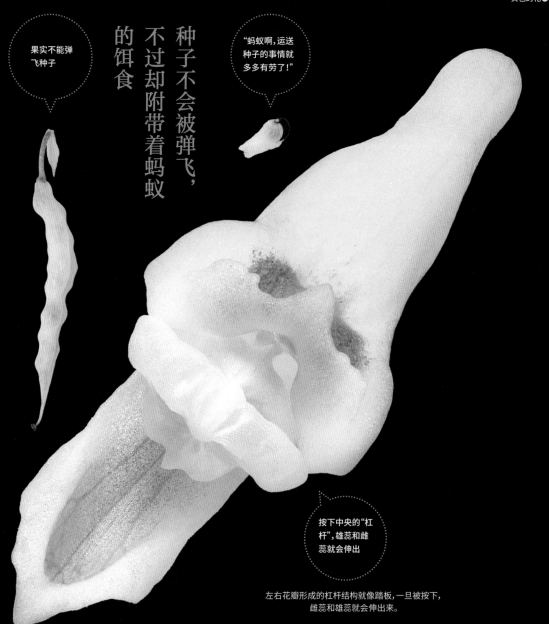

果实不能弹飞种子

"蚂蚁啊，运送种子的事情就多多有劳了！"

种子不会被弹飞，不过却附带着蚂蚁的饵食

按下中央的"杠杆"，雄蕊和雌蕊就会伸出

左右花瓣形成的杠杆结构就像踏板，一旦被按下，雌蕊和雄蕊就会伸出来。

鲜黄色的罂粟科花朵

花中没有蜜，不过能给昆虫提供大量花粉取食

花瓣吸收紫外线，雄蕊花药会反射紫外线。在昆虫看来，这样能反光的雄蕊很显眼。

白屈菜

Chelidonium majus subsp.
asiaticum

罂粟科 白屈菜属

♀花期 4~10 月 ☀二年生草本

📏高 30~80cm

实物大小

白屈菜是一种罂粟科植物，生长在山间林下，茎叶纤细，花色艳丽，但是藏着有毒的乳汁。白屈菜体内有一种网状的管道结构，名叫乳汁管。管内充满黄色乳汁，这是一种天然橡胶，同时也具有毒性。不管是植株上的哪个部分受了伤，乳汁都会从伤口流出，以此来驱赶食草动物。当然，白屈菜也会和动物合作，它们的种子上裹有胶状的油质体，可以吸引蚂蚁搬走取食。蚂蚁吃掉外层油质体后，里面的种子会就地萌发。

蒴果细长，像青虫一样，种子整齐地排列在里面

花萼和茎都布满绒毛

种子上有白色、胶状的油质体，蚂蚁很喜欢吃，会把它连同种子一起运走，然后把吃剩的种子丢弃掉。

33

1
2
3
……
快
来
数
一
数

鸢尾科植物

单子叶植物，花为 3 基数。萼片
发达，与花瓣同形同色，或是像
花菖蒲那样萼片明显比花瓣发达。

鸭跖草科植物

单子叶植物，叶脉为平行脉，花
为 3 基数。不过，也有像鸭跖草
那样只有两枚花瓣发达的情况。

雄蕊 6   雌蕊 1

萼片 3   花瓣 3

白花紫露草
与紫露草非常
相似的花卉。

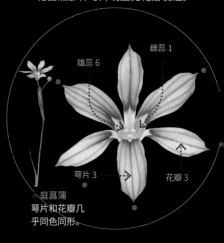

雄蕊 6   雌蕊 1

萼片 3   花瓣 3

庭菖蒲
萼片和花瓣几
乎同色同形。

萼片、花瓣、雄蕊、雌蕊都属于花的基本结构，这四个部
分在花中是按照顺序从下往上一层一层地着生。大多数植
物的花中，各结构的数量都是固定的，只有少数例外。单
子叶植物的花一般是 3 基数，即各部分结构的数量都是 3
的倍数。双子叶植物的花大多是 4 或 5 基数，也是同理。

白花紫露草的花就是典型的单子叶植物花，萼片和花瓣都
是 3 枚，雄蕊 6 枚，雌蕊 1 枚，由 3 心皮组成。庭菖蒲、
坚被灯心草、百合的花，看上去像是 6 枚花瓣，但实际上
外轮的 3 枚是萼片，内轮的 3 枚才是真正的花瓣，在单子

十字花科植物

双子叶植物，种子萌发时带有两片子叶。花为 4 基数，萼片在下方支撑着花瓣。

雄蕊 6

雌蕊 1

萼片 4

花瓣 4

▲ 荠
小花是标准的十字形。

蔷薇科植物

双子叶植物，花大多为 5 基数 (地榆等少数种类 4 基数)。每朵花中的雌蕊有些是 1 枚，有些是多枚离生。

花瓣 6

雄蕊 1

雌蕊多数

萼片 5

萼片 5

萼片 4

雌蕊 4

果实 1

果实多数

雄蕊多数

▲ 染井吉野樱
每朵花中有 1 枚雌蕊，结出 1 个果实。

萼片长在花下，果期脱落。

花下的硬质萼片在果期宿存。

▲ 蓬蘽
每朵花中有许多雌蕊，果实也是由许多小果组成的聚合果。

叶植物中，像这样萼片和花瓣外形难以区分的种类有很多，一般就不再特别区分萼片和花瓣，而是统称为花被片。

双子叶植物的花，大多是 4 或 5 基数。4 基数的代表植物就是十字花科，萼片和花瓣都是 4 枚，只有雄蕊是 6 枚，不过只有 4 枚可育。除此之外，柳叶菜科 (雄蕊多为 8 枚)、木犀科 (雄蕊多为 4 枚) 也都是常见的 4 基数花植物。

不管是大人还是小孩，在画花的时候，总是喜欢画上 5

片花瓣。确实，双子叶植物中的主流就是 5 基数。其中既有伞形科 (雄蕊 5 枚) 和石竹科 (雄蕊 10 枚) 这样各部分都是 5 的倍数的类群，也有蔷薇科、金丝桃科这样雄蕊多数的类群。雌蕊的数量也会有变化，同样是蔷薇科的植物，既有桃、李这样 1 枚雌蕊的种类，也有草莓、悬钩子这样具有多枚雌蕊的种类。

最后顺便说一句，不是总有人一边揪花瓣一边念叨着"喜欢我、不喜欢我……"来占卜爱情运势吗？如果用的是染井吉野樱花这样的单瓣 5 基数花，最后的结果一定是"喜欢我"哦。

用手指来观察

白车轴草和红车轴草这两种植物统称为三叶草。它们的叶片外形很像，都有 3 枚小叶，且上有白色斑纹。如果没有花，着实很难分辨它们。不过，如果用手指摸一摸它们的叶片，就能区分开来，叶片光滑的是白车轴草，毛茸茸的是红车轴草。

如果拿近一点仔细观察，哦，原来红车轴草的茎叶上都密布着长约 1mm 的白色柔毛，所以才毛茸茸的。

是的，我们的眼睛往往无法看清非常微小的东西，对于那些被人"视而不见"的事物，如果用手指尖代替眼睛去"看"，嗯……怎么说呢？或许会略微有点忐忑不安吧。

不过，只要你亲手去摸一摸各种植物的叶片，就会发现鼠麹草的叶子像兔子的耳朵，软绵绵、毛茸茸的，这是因为它的表面布满长柔毛，就像绒毯一样。生长在海边的卤地菊，在日语里的名字写作"猫の舌"。它也确实叶如其名，表面非常粗糙，这是因为上面有许多短硬毛，可以阻拦由海风刮来的沙粒。

我个人最喜欢的是杜若的叶子，如果从下往上抚摸，会感觉非常顺滑；但倒过来从上往下摸去，则毛毛糙糙的，这个现象如果光用肉眼是看很难发现的。在杜若的叶片上，有许多斜向叶尖生长的硬毛，如果传说中的小人族真的存在，大概可以用杜若叶来做滑雪板，在山间滑着玩吧？幻想一下也很有意思呢。(另：狗尾草的叶子也一定要摸摸看！)

白
色
的
花

雄株外形
比较华丽

在日本，作为蔬菜人工栽培的蜂斗菜都是雌株，市场上能买到的也是雌株居多。雌株可以结果，而雄株花期过后地上部分就会枯死。

雌株和雄株
相亲相爱，
它们一开花，
春天就到了

花期过后，叶子就会伸长。

雄花的雄蕊顶端有黄色的花粉

雄株

实物大小

40

早春二月，野外草地上的积雪刚刚消融，蜂斗菜就悄悄地钻出了地面。这个时候，信手摘下它的叶子就能闻到春天的气息。蜂斗菜的花芽是一种蔬菜，在日本，无论是做成天妇罗，还是加味噌炒，都非常美味。它们是雌雄异株的植物，雌花线形、颜色纯白，雄花星形，露出黄色的花药。不过仔细看的话，可以在雌株的花序中找到星形的花，这种花是不育的装饰花，被雌花围在中间，内含甘甜的花蜜，可以起到替雌花吸引昆虫的作用。

雌株给人的感觉比较清秀

蜂斗菜
Petasites japonicus

菊科 蜂斗菜属
🌸花期 3~5 月 ✳多年生草本
🌿雄株高 10~25cm、雌株高 10~45cm

雌株

实物大小

纤细的雌花之间，混杂着少量的装饰花，装饰花没有花粉，不能结果。

右边的是可育雌花，左边的是装饰花

雄花没有黏性

雌花基部有黏黏的腺毛

雄花不能结果，雌花会结出黏黏的果，粘附在动物身上传播。

花这么可爱，下面怎么黏黏糊糊的？

蜂斗菜在日语中叫做蕗，和尚菜因叶形与蜂斗菜相似，所以又叫野蕗。

和尚菜
Adenocaulon himalaicum

菊科 和尚菜属

♀花期 8~10 月 ✳多年生草本

📏高 50~80cm

和尚菜的花序外形非常可爱，中心的花好像闪闪的星光，外圈的花却好像是一根根黏糊糊的火柴棍！实际上，中心的花是雄花，能够释放大量花粉；而外圈的花是雌花，可以结出黏黏的果实。花期过后，中心的雄花就枯萎脱落，只留下外圈的雌花发育成果实。果实的外面布满腺毛，形似狼牙棒。和尚菜大多生长在公园和杂木林边，果实以粘附在人和动物身上的方式进行传播。

只有雌花能留下来，发育成果实

果实成熟后呈黑褐色，依靠人和动物传播。

雄花聚集在花
序中心，就好像
一个可爱的花
束

在花序周围开放的雌花。

43

舌状花和
管状花排列
整齐漂亮

花序外侧的是
舌状花，中央
是管状花

菊科的花有两种类型：一种是花冠呈星形的管状花；还有一种是花瓣在一侧延伸的舌状花。在美洲鳢肠的花序中，这两种花都有，也都能结出果实，只不过只有管状花能释放花粉。外侧的舌状花把生产花粉的能量节约下来，专门负责吸引昆虫和帮助昆虫落脚，而内部的管状花则是将生长花瓣的能量，全心全意地孕育种子。美洲鳢肠的原生环境是水田、湿地，不过近年来取代了日本原产的鳢肠，在都市中也越来越多见了。

雌蕊柱头二裂

管状花上黄色的花粉很显眼

舌状花整体都是白色

美洲鳢肠的果序

美洲鳢肠

Eclipta prostrata

菊科 鳢肠属

♀花期 9~10 月 ✳一年生草本
🖌高 20~70cm

实物大小

译注：
在最新的《中国植物志》中，将美洲鳢肠视为鳢肠的同物异名，没有区分为两种，学名统一定为 *Eclipta prostrata*。

果实表面无毛，有瘤状突起，外侧没有翅，而鳢肠的果实有翅。

水芹不仅生长于水田、湿地，而且还被作为蔬菜进行人工栽培。不过，它的花少有人知。

它的花期正逢盛夏，绽放的时候，花瓣上那向内折的细长小舌片和卷曲的雄蕊都会摇摇晃晃地伸展开，就好像花朵上缀满了清爽的蕾丝，要不了多久就漾满了花蜜，可以吸引昆虫。雄蕊在散布完花粉后就会脱落，同时二叉状的雌蕊开始成熟、向外伸长，这种现象叫做雌雄蕊异熟，是一种避免自花传粉的策略。在日本，水芹为"春之七草"之一。

一个花序中的花从外向内顺次开放。

很多小花聚成复伞形花序，看上去就像绽放的烟花

伸长的二叉状雌蕊

水芹

Oenanthe javanica

伞形科 水芹属

♀花期 7~8 月 ✳多年生草本

🌿高 20~50cm

实物大小

闪闪发亮的
花蜜可以吸
引昆虫

花蜜也会满溢
洁白的花瓣开展时

水芹的传粉昆虫很多, 主要有蝇
类、蜂类和叶甲等。由于花序中
的花又小又密, 所以不管哪种昆
虫都能轻松降落到上面。

47

芳香的小花，
能结出四个小坚果

花冠有上下
之分，下侧的
毛比较多

雌蕊隐藏在花冠
上侧内壁。

紫苏在日本是广为人知的
传统香辛料，其花序也是香
辛料，叫做穗紫苏。

这是日本常见的栽培食用品系绿紫苏，另外
还有一类红紫苏，花是粉红色的。

48

花冠 5 裂

花萼中藏着
4 个果实

4 个小坚果, 虽然看
着像种子, 但实际上
是果实。

紫苏

Perilla frutescens var, crispa

唇形科 紫苏属

♀花期 8~10 月 ✽一年生草本

📏高 70~80cm

实物大小

紫苏居然也是杂草?是的, 绿紫苏、红
紫苏这些可食用紫苏其实都是人工栽培
的变种。野生紫苏主要分布在空地之类
的地方。它们的叶背紫红色, 与其他栽
培变种可以杂交。野生紫苏和栽培变种
的花有着相同的结构, 都是两侧对称,
花冠下侧内壁有许多毛, 雄蕊贴在四周,
当蜂类钻进花中采蜜时, 就会蹭上花粉,
帮助植物授粉。

译注: 紫苏有许多变种, 本书中描述的变种在《中国植
物志》中叫做回回苏。

迷迭香

Rosmarinus officinalis

实物大小

蜂类钻入花中采蜜,同时传粉。

唇形科 鼠尾草属

♀花期 10 ～ 5 月 ✳多年生草本

🌡高 30~100cm

迷迭香是一种常绿植物,叶片又细又硬,雄蕊只有 2 枚,并在一起,贴在花冠上侧的内壁。花形非常立体,从正面看像一个穿着裙子的人。

全 都 有 好 闻 的 香 气!

唇形科香草大集合!

唇形科植物的花冠上下分开,呈二唇形、茎四棱、叶对生,大都含有芳香物质,很多种常用香草都是唇形科植物。

罗勒

Ocimum basilicum

实物大小

雄蕊和雌蕊都贴在花冠下侧。

唇形科 罗勒属

♀花期 7~10 月 ✳一年生草本

🌡高 30~80cm

意大利菜中常用的罗勒,其实是罗勒的一个栽培变种——甜罗勒。大部分唇形科植物的花都是上唇 2 裂、下唇 3 裂,但罗勒是上唇 4 裂,下唇 1 片,从侧面看有点像蛇头,种加词 *basilicum* 的来源,就是欧洲传说中的蛇怪 basilisk。

胡椒薄荷

Mentha × piperita

实物大小

唇形科 薄荷属

♀ 花期 7~9 月　❋ 多年生草本

📏 高 30~50cm

胡椒薄荷具有清凉爽快的香气，花也简单明快，花冠开展，如此一来，不管是蜂类、蝴蝶还是食蚜蝇，都能轻易地吃到花蜜，不像其他唇形科植物的花那么复杂。

雌蕊伸出花外，雄蕊藏在花内。

如果遮住光，能够看到花萼表面的芳香腺毛在闪闪发亮。

薰衣草

Lavandula angustifolia

实物大小

唇形科 薰衣草属

♀ 花期 5~7 月　❋ 多年生草本

📏 高 30~80cm

薰衣草具有浓烈的香气，在花蕾开放之前采摘下来，可以制成香水或熏衣用的干花。花冠是细长的管状，蜜蜂和蝴蝶在吸取花蜜时，会触碰到花内隐藏着的雄蕊和雌蕊，从而帮助传粉。

欧百里香

Thymus vulgaris 实物大小

唇形科 百里香属

♀ 花期 4~5 月　❋ 多年生草本

📏 高 5~30cm

欧百里香在烹饪肉菜中会经常被用到。它的花形就像带褶边的连衣裙，一长一短两枚雄蕊从花中伸出，悄悄地把花粉沾到昆虫身上。雄蕊的花药形状也很可爱。

很多个轮伞花序在茎顶聚成穗状。

花朵纤细但是行为大胆，
缠绕在其他植物上
吸取养分

说菟丝子是"无根之草"，可能会让人觉得它是个到处漂泊的悠闲家伙，但事实并非如此。它的种子发芽后，会迅速缠绕在邻近的植物身上，并且将吸器插入其茎叶里，吸取养分。也就是说，它一生都不需要用到根。菟丝子属植物就像是植物界中的吸血鬼一样，不过要是仔细观察它的小花，啊，还挺好看的！不愧是牵牛花的近亲。

菟丝子全株都没有叶绿素，完全不自己制造养分，也不挑寄主，任何植物都可以缠绕其上，吸取其水分和营养物质，即使全榨干了也无所谓。

原产北美洲
的外来物种

原野菟丝子
Cuscuta campestris

旋花科 菟丝子属

♀花期 7~10 月 ✳一年生寄生草本
🗓藤本植物

实物大小

一圈一圈地
缠绕在其他
植物上

龙葵

Solanum nigrum

茄科 茄属

📍花期 8~12 月 ✳一年生草本

📏高 30~60cm

实物大小

哑光的黑色

果实成熟后呈黑色，吸引鸟类取食，借助鸟粪传播种子。

茄子家族里第一可爱的星形小花

龙葵在世界各地的温带地区广泛分布，外形和茄子相似，只是明显小一圈。它外面没有囊状的宿存萼片，也没什么食用价值。如果有昆虫来取食花粉，最后一定会遗憾而归，因为龙葵的雄蕊虽然是黄色的，但实际上徒有颜色，并没有大量散布花粉。它们的花粉是从花药顶端的小孔中释放出来的，量也很少。

全株含有毒素龙葵碱。

花冠淡紫色

和茄子花
很像

同属的近缘种美
洲龙葵,花冠裂片
狭窄,带有紫色。

55

凭借波点花纹
吸引昆虫

花冠裂片的中
部有一对黄绿
色的蜜腺

雄蕊散完花粉后，雌蕊再成熟，顶
端柱头会开裂。

獐牙菜

Swertia bimaculata

龙胆科 獐牙菜属

♀花期 9~10 月 ✳二年生草本

📏高 60~90cm

实物大小

獐牙菜的花冠裂片上有紫色和黄绿色的斑点，就像天明之前的星空。花冠裂片中央的黄绿色斑点位置生有蜜腺，可以分泌甘甜的花蜜，吸引蚂蚁、苍蝇取食。獐牙菜是一种二年生植物，生长在湿润的山间草地和路边，植株上部多分枝，花朵就生长在分枝的顶端。所谓二年生植物，就是种子发芽后经过两年的生长才开花、结果，然后枯死。因为和大马哈鱼一样，一生只能繁殖一次，所以会拼尽全力，产出大量的种子，把自己基因的命运托付在它们上面。

分枝很多,每个分枝上都能开出不少花朵

日本当药的花冠裂片上没有斑点吗

同属的日本当药,蜜腺的波点花纹长在花冠裂片的基部。

花蕾螺旋形,像漩涡一样

57

雌花中有毛茸茸的雌蕊和徒有其表的雄蕊，花萼绿色，花形比较窄小。

毛茸茸的雌蕊藏在雌花深处

倒地铃的果实和种子外形都十分可爱，果实如同一个折纸气球，圆滚滚的黑色种子上面有一个心形的白色种脐。倒地铃的花也很招人喜欢，萼片和花瓣都是 4 枚，在花朵的正中有一个凸出的副花冠，副花冠的边缘黄色，形似嘴唇，有种莫名的妖艳感觉。倒地铃是单性花，雌花中有雌蕊，雄花中没有雌蕊，但是花冠比较宽大，数量也更多。作为深受欢迎的园艺花卉，倒地铃在世界各地被广泛种植，经常逸生为入侵的杂草。

倒地铃
Cardiospermum halicacabum

无患子科 倒地铃属
♀花期 7~10 月 ✱一年生草本
🗝藤本植物

实物大小

茎上有卷须

果实中空，
好像气球

种子上的白
色心形部分
是种脐

花和种子可爱得
触动少女的心

雄花的上下 2
枚萼片是漂亮
的白色

雄花不能结果，花冠
比较开展，两枚白色
的萼片非常显眼。

59

子房外有亮闪闪的透明腺毛

逆光看去,透明腺毛光泽就仿佛水珠一般。

花瓣、萼片,还有雄蕊,都排成两对

南方露珠草

Circaea mollis

柳叶菜科 露珠草属

♀花期 8~9 月 ✽多年生草本

🖋高 20~60cm

实物大小

萼片、花瓣、雄蕊全都是成对的两枚

仔细看看，雌蕊的柱头其实也是2裂。

南方露珠草一般生长在林缘，是一种不太起眼的小草。圆形的小果上密生着白色腺毛，就好像挂着露珠，故而得名。它的花也很小，仔细看的话，会发现在一朵花中，不管是萼片、花瓣，还是雄蕊，都两两成对；花基部膨大的子房部分将会发育成果实。即使在花期，表面就已经长有透明而弯曲的腺毛了，如同一个个微小的玻璃工艺品。进入深秋以后，果实成熟，表面的毛也会变硬，可以像钩针一样挂在人和动物的身上开始传播之旅。

果实直径约 3mm

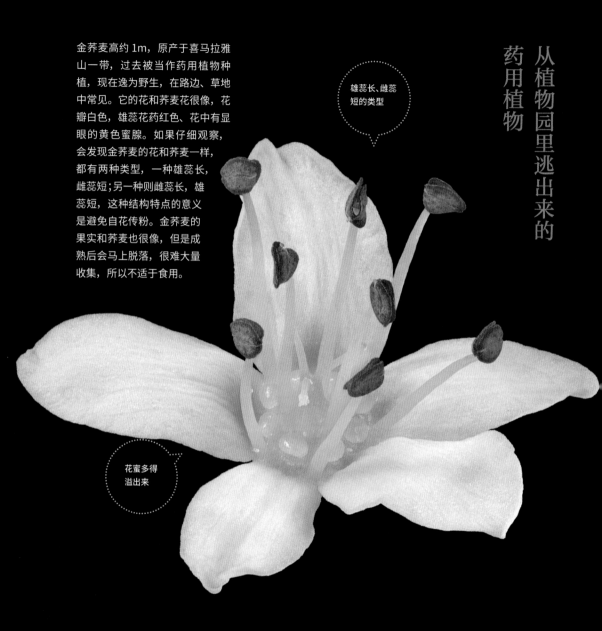

金荞麦高约 1m，原产于喜马拉雅山一带，过去被当作药用植物种植，现在逸为野生，在路边、草地中常见。它的花和荞麦花很像，花瓣白色，雄蕊花药红色、花中有显眼的黄色蜜腺。如果仔细观察，会发现金荞麦的花和荞麦一样，都有两种类型，一种雄蕊长，雌蕊短；另一种则雌蕊长，雄蕊短，这种结构特点的意义是避免自花传粉。金荞麦的果实和荞麦也很像，但是成熟后会马上脱落，很难大量收集，所以不适于食用。

雄蕊长、雌蕊短的类型

花蜜多得溢出来

金荞麦

Fagopyrum dibotrys

蓼科 荞麦属

花期 9~11 月 多年生草本

高 50~120cm

嫩茎和嫩叶
可以食用。

实物大小　实物大小

果实也是三
角形,和荞麦
很像

雌蕊长、雄蕊
短的类型

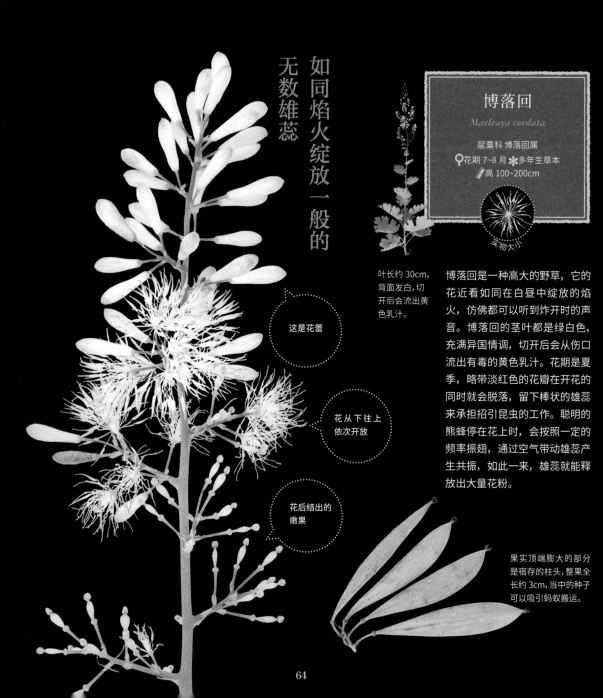

如同焰火绽放一般的无数雄蕊

博落回

Macleaya cordata

罂粟科 博落回属

♀花期 7~8 月 ✲多年生草本

📏高 100~200cm

实物大小

叶长约 30cm，背面发白，切开后会流出黄色乳汁。

这是花蕾

花从下往上依次开放

花后结出的嫩果

博落回是一种高大的野草，它的花近看如同在白昼中绽放的焰火，仿佛都可以听到炸开时的声音。博落回的茎叶都是绿白色，充满异国情调，切开后会从伤口流出有毒的黄色乳汁。花期是夏季，略带淡红色的花瓣在开花的同时就会脱落，留下棒状的雄蕊来承担招引昆虫的工作。聪明的熊蜂停在花上时，会按照一定的频率振翅，通过空气带动雄蕊产生共振，如此一来，雄蕊就能释放出大量花粉。

果实顶端膨大的部分是宿存的柱头，整果全长约 3cm，当中的种子可以吸引蚂蚁搬运。

雄蕊比萼片短

中心有数个离生的雌蕊

萼片白色，排列呈十字形

花哨的雄蕊和毛茸茸的聚合果是最明显的标志

长长的宿存
花柱就像仙
人的白胡子

白色的花●

圆锥铁线莲

Clematis terniflora

毛茛科 铁线莲属

📍花期 8~9 月 ✳小灌木
🔍藤本植物

实物大小

大部分植物的花，各部分结构从下往上依次是萼片、花瓣、雄蕊、雌蕊，但是以圆锥铁线莲为代表的一些毛茛科植物却不是这样。它们没有花瓣，花中只有萼片、雄蕊和雌蕊，招引昆虫的工作由萼片负责。圆锥铁线莲的雌蕊在发育成果实的过程中，宿存的花柱会伸长、旋转，上面还会长出羽毛状的附属物，这是用来帮助种子传播的结构。由于果实上的白毛像神话传说中的仙人长长的白胡子，所以在日语中，圆锥铁线莲的名字为仙人草。

同属的植物女萎，
叶片边缘有锯齿。

女萎的雄蕊
和萼片基本
等长

在林中舒展开
可爱的
白色花萼

鹅掌草

Anemone flaccida

毛茛科 银莲花属
花期 4~5 月 多年生草本
高 15~25cm

实物大小

大多数情况
下,一枝上开
两朵花

鹅掌草那可爱的小花就如同春之妖精一般,
只在春天出现 2~3 个月。早春时节,树林中
的树木还没有抽枝展叶,阳光毫无阻拦地照
到地面上,鹅掌草就趁这段时间发芽、开花、
结果。入夏前,它们的叶片就会枯萎,地下
茎开始休眠,等待着下一个春天的到来。鹅
掌草的花中没有蜜,只能给昆虫提供花粉,
但如果花粉都被吃掉那就太浪费了,所以它
的雌蕊长成了和花粉近似的黄色,引诱昆虫
前来觅食,同时帮助传粉。

萼片背侧略
带粉红色

萼片通常 6 枚,也
有 7 枚的"豪华版"。

雄蕊和雌蕊的颜色和一般
的花是反着来的，看起来像
花瓣的部分其实是萼片。

雄蕊白色，
雌蕊黄色

杜若的花有着绝妙的透明感。在 6 枚花被片当中，短而圆的 3 枚是萼片，长的 3 枚是真正的花瓣。花序在茎的上部排成数轮，其中既有雌蕊不育的雄花，也有能够结果的两性花。为什么会这样呢？这是因为果实发育需要消耗能量，如果让所有的花都发育成果实，那对植株的消耗就太大了，所以杜若选择了节能的方案，让能结果的两性花和不结果的雄花混合。它的叶形和姜科的茗荷有点像，但它俩并不是近亲，杜若是鸭跖草科的植物。

雄花的雌蕊
短小

杜若的花精致漂亮，短而圆的是萼片，较长的是花瓣。

杜若
Pollia japonica

鸭跖草科 杜若属
♀花期 8~9 月 ✳多年生草本
高 50~100cm

实物大小

70

两性花的雌蕊比较长,基部膨大

秋天会结出具有陶瓷光泽的深蓝色果实。

与独特的气味相反，花朵非常清秀

漂亮的淡紫色

薤白

Allium macrostemon

石蒜科 葱属

花期 5~6 月 ✱多年生草本

高 50~80cm

实物大小

作为葱属的一员，也有类似葱蒜的气味。

花序中有珠芽

形状规整
的白花

韭

Allium tuberosum

石蒜科 葱属
♀花期 8~9 月 ✿多年生草本
📏高 30~50cm

实物大小

纯白的花朵
聚成一束

每个果实中
有 6 粒种子

薤白在我国也被称作"小根蒜"，它也确实是蒜的亲戚，并且也是一种野菜。薤白的外形和韭菜非常相似，不过，它的花很少结果，会从花序中长出许多小小的鳞茎，这种鳞茎叫做珠芽，落到地上以后就会生根、发芽，这是一种无性繁殖的方式。而韭菜的花通常可以正常结果，种子也很多。在日本，韭菜有时候也会从农田中逸为野生，跑到路旁、原野上生长。

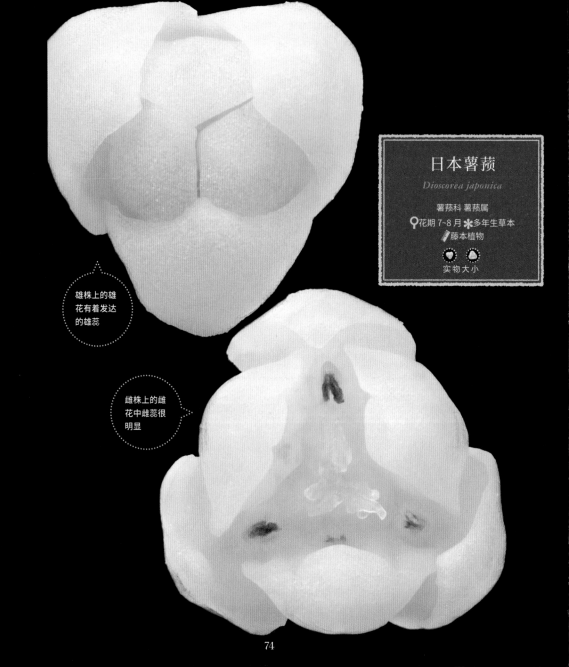

日本薯蓣

Dioscorea japonica

薯蓣科 薯蓣属
花期 7~8 月 多年生草本
藤本植物

实物大小

雄株上的雄
花有着发达
的雄蕊

雌株上的雌
花中雌蕊很
明显

雄株
雄株的花序向
上直立

雌株
雌株的花
序下垂

雄株也可以
长出珠芽,无
性繁殖

日本薯蓣的花也是雌雄异株

日本薯蓣细长的块茎磨碎以后会变得很黏滑,具有独特的香味,是一种高级食材。它是雌雄异株的植物,雌株上有下垂的雌花序,雄株上有直立的雄花序,看上去就像两种不同的植物。雌株能够结出轻飘飘的果实,秋天成熟后向下方开裂,释放出种子。种子的周围有发达的膜质薄翅,可以在空中慢慢滑翔。日本薯蓣除了利用种子繁殖以外,不管雌雄,都能在叶腋处生出珠芽,通过珠芽来无性繁殖。

种子边缘有
翅,可以在空
中飞舞

就算没有风,种
子也能在空中飘
起、滑翔。

75

野慈姑

Sagittaria trifolia

泽泻科 慈姑属

♀花期 8~10 月 ❋多年生草本

📏高 20~80cm

实物大小

野慈姑是水田里常见的杂草，拥有独特的箭头形叶片，日本古时有一种纹样叫做"泽泻纹"，上面画的就是野慈姑的花和叶。秋天，野慈姑会抽出花序，花朵在轴上分段着生，每一节上有 3 朵花。花序中的雌花先开，花中的雌蕊聚集成球，就好像小丑的鼻子。到了雄花开放的时候，雌花已经凋谢，开始向果实发育。果实扁平具翅，成熟后会散落在水面上。当蔬菜食用的慈姑是野慈姑的栽培变种，它具有膨大的球茎，植株的其余部分都和野慈姑差不多。

这是雄花，下方的雌花已经凋谢

这是雌花，上方的雄花还是花蕾

果实众多，
在水面上漂浮，
这是水田杂草
的生存智慧

其实是聚在
一起的许多
雌蕊

雌花中心
的球形部
分……

离生雌蕊数量众多，会发育成一个个带
有膜状翅的果实，漂在水面上传播。

77

既没有花瓣 也没有萼片的 独特生存战略

白色的棒状结构不是花瓣

金粟兰科植物的花形非常奇特，3 枚雄蕊联合成三叉状，生长在雌蕊侧面。

78

银线草

Chloranthus japonicus

金粟兰科 金粟兰属

♀花期 4~5 月 ✱多年生草本 📏高 10~30cm

实物大小

中生代的时候，植物演化得越来越多样，出现了很多独特的花，金粟兰科植物就是其中的一个典型。它的花中既没有萼片，也没有花瓣，雌蕊胖墩墩的，雄蕊长在雌蕊侧面，向外侧凸出，负责吸引昆虫。花中的白色棒状结构是雄蕊的一部分，释放花粉的位置在它的基部。总体来说，花的演化主流都是雄蕊包围着雌蕊，像这么独特的花结构，现在也只有在为数不多的金粟兰科植物中才能见到了。

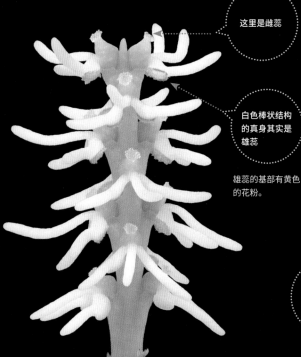

这里是雌蕊

白色棒状结构的真身其实是雄蕊

雄蕊的基部有黄色的花粉。

雄蕊把雌蕊卷在中央

及己是银线草的同属植物，给它传粉的蓟马，同样是一类具有很多原始特点的昆虫。

及己是银线草的同属植物，但看起来要比银线草土气。

花的雌与雄

两性花

一朵花中既有雌蕊
也有雄蕊，基于雌、
雄蕊的距离和成熟
时机等因素，可以
自花传粉。

雄蕊

雌蕊

雌雄同株

雌花和雄花生长在同一植
株上，借助风力或昆虫等
传粉，雌花数量较少，雄花
很多。

鹅肠菜

雌蕊和雄蕊位置接
近，同时成熟，即使
没有昆虫传粉也能
结果。

下面有个小黄瓜

雌花

黄瓜

雌花基部的子房可以
发育成果实，雄花数
量比较多。

花是植物的生殖器官。在动物界，雌雄异体的现象很普遍，而植物不同，
70% 以上的种类都为两性花，也就是在一朵花中既有雄蕊也有雌蕊。为
什么会这么多呢？这是因为动物大多可以移动，交配时候只需要互相靠近
就可以，而植物不能跑也不能跳，要借助风力和昆虫等外界因素传粉，为
以防万一，需要做好自花传粉的准备。

不过在两性花中也有两种类型，一种是雌蕊和雄蕊同时成熟，积极地自花
传粉；还有一种是雌雄蕊的成熟时间错开，避免自花传粉。这是两种不同
的繁殖策略，前者靠数量取胜，后者追求高质量。那些在不稳定环境中生

只有雄蕊

下面没有
小黄瓜

雌雄异株

雌花和雄花开在不同
的植株上，确保异花传
粉，也有一些种类的花
中还能看到残存的雄
蕊和雌蕊。

雌花
构造

花药

▲青木
日本原生的美丽常绿树，
相传人们把它引到英国时，
只种了雌株，所以不能结果。

活的短命杂草，一般是自花传粉，尽可能地产生出更多的种子；而在那些在比较稳定的生态系统中生活的多年生植物，则会倾向于异花传粉，提高后代的质量。

花单性、但是雌雄同株的植物大约占所有种类的 10%，它们依靠外部媒介传播花粉，有一个优势是可以根据植株的营养状态来决定雌花和雄花的资源分配。雌花直到果实成熟前，都需要很多的营养，而雄花就不需要这么多。但是如果能成功传粉，产生种子，那就是很大的收益了。

在植物中，还有大约 4% 的少数派是雌雄异株，它们冒着无法传宗接代的风险，严格异花传粉，以此来提高后代的多样性，进而提高后代在复杂环境中的生存概率。这类植物有着各种性别表现，比如两性花与雌花异株、两性花与雄花异株，还有一些是既有雄株、雌株，又有两性株。另外，一些类群还有着自交不亲和的现象。总之，这些都是避免自交的手段，看起来纯洁的花朵，在生殖的问题上还真是复杂呢。

漫步乡野、山间

到了节假日，不如暂时远离都市的喧嚣，到乡下、山间去走一走吧。也不用特意去风景名胜区，随便找一个有农家、农田、草地、树林的地方就好。走在田间的小路上，春天能看到蒲公英和堇菜，夏天可以找到野慈姑和鳢肠，到了秋天，紫菀和蓼科植物竞相绽放。头顶上的蓝天白云和云雀的婉转鸣声，更是平添了许多风情。

植物对于生存环境还是比较敏感的，那些积水不深的小块湿地，是野凤仙花和戟叶蓼的家园。在每年都被割草的堤岸上，经常有轮叶沙参和地榆在盛开。林荫的小道两旁，是花点草和鹅掌草的地盘，偶尔还能看到银线草混迹其中；到了林缘，就能看到羊乳、山黑豆和鹿藿纠缠于灌木丛中，结出来的荚果就像是画出来的一样精致漂亮。

由于乡野山中有着多样的环境，所以昆虫的种类也很丰富。比如有"会动的宝石"之称的吉丁虫，把树叶卷得非常艺术的象鼻虫，脸像外星人一样的长角象甲，还有各种蝴蝶、蜻蜓、螽斯。夏天的夜晚，雀天蛾在月见草的花上悬停飞舞，就像小型战斗机一样。要说蛾子中最漂亮的，可能就要数短尾大蚕蛾了，如果到路边的荧光灯下寻找，说不定还能发现独角仙和锹形虫呢。

黄昏时分，我会静静地侧耳倾听，这是从白昼到夜晚的过渡时间，油蝉的鸣声渐渐微弱，日本暮蝉开始歌唱。日落后大约半小时，鼯鼠会从树洞里探出头来，在空中往来滑翔。

蓝、紫色的花

泥胡菜

Hemisteptia lyrata

菊科 泥胡菜属

♀花期 5~6 月 ❋二年生草本

✎高 60~90cm

实物大小

86

泥胡菜的花和蓟很像，但是茎叶上没有刺。它的花序看上去像个绒球，由许多薰衣草色的管状小花组成。如果分离出一朵花来细细端详，可以看到它那深紫色的雄蕊顶端挂着许多花粉粒。花粉全都散播完毕后，雌蕊才会从花中伸出，展开二叉状的柱头，开始接受花粉。泥胡菜在乡下的路边、堤岸上常见，花期过后长出的果序像一个个轻飘飘的白色绒球。

像蓟但不是蓟，绒球一般的可爱花序

花和蓟长得有点像……

但怎么这么小呢？

雌蕊柱头二叉状

果实上带有轻飘飘的羽毛状冠毛

与蓟属植物不同，泥胡菜的叶和总苞片上没有刺，并且总苞片上有鸡冠状突起。

在日本，人们把许多种开淡紫色花的紫菀属植物统称"野绀菊"，其中最有代表性的就是卵叶三脉紫菀和嫁菜（在东日本常见的是变种关东嫁菜）。它们的花乍看上去很像，但其实花的着生方式和果实上的冠毛形态都不相同。卵叶三脉紫菀的头状花序多而密集、形状平坦，果实上有发达的冠毛。嫁菜和关东嫁菜的花序只有寥寥几个，果实光秃秃的。近年来，来自美洲的加勒比飞蓬变得越来越常见，它们生长在路边、墙缝，花色从白到红渐变，不过它们并不是紫菀属的植物，而是飞蓬属的一员。

译注："野绀菊"为日文汉字写法。这一类植物的分类目前有争议，在《中国植物志》中，将它列为三脉紫菀的一个变种，定名卵叶三脉紫菀，学名 *Aster ageratoides var. oophyllus*，本书暂且沿用原文的名称。

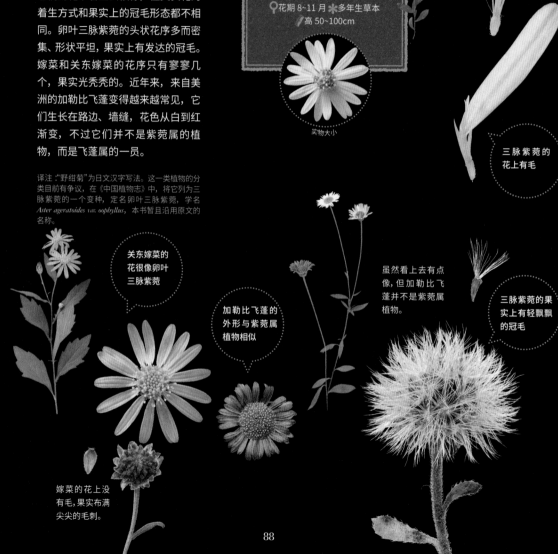

野绀菊
Aster microcephalus

菊科 紫菀属
♀花期 8~11 月 ✿多年生草本
⚘高 50~100cm

实物大小

三脉紫菀的花上有毛

关东嫁菜的花很像卵叶三脉紫菀

加勒比飞蓬的外形与紫菀属植物相似

虽然看上去有点像，但加勒比飞蓬并不是紫菀属植物。

三脉紫菀的果实上有轻飘飘的冠毛

嫁菜的花上没有毛，果实布满尖尖的毛刺。

相似但不难区分

清秀的淡紫
色舌状花

管状花为两性花,舌
状花是不能释放花
粉的不育雄花。

张开的雌
蕊柱头

花朵开放前期, 行使雄
花功能, 之后会转为行
使雌花功能。

散播完花粉
后, 雄蕊就
蔫了

传粉昆虫是蜂类, 花色也是蜂类喜欢的颜色。

钟状的花冠和
长长的雌蕊
组合到一起，
好像风铃一样

花冠鼓鼓的，裂
片还向外卷，显
得很可爱

聚伞花序在茎
上部轮生，从下
往上依次开放。

轮叶沙参

Adenophora
triphylla var. japonica

桔梗科 沙参属

♀花期 8~10 月 ❋多年生草本

📏高 40~100cm

实物大小

轮叶沙参的小花形似风铃，原本在郊野或堤岸上很常见，不过近年来由于开发和外来种入侵，数量急剧减少。轮叶沙参的雌蕊在开花的不同时期"一人分饰两角"，刚开花时，雌蕊不能接受花粉，而是利用花柱上的短毛收集雄蕊散落出的花粉，相当于多了一条雄蕊，让花粉更容易粘到昆虫身上。花中的花粉都散布完毕后，雌蕊顶端的柱头会张开，接受花粉，孕育种子。

花也有白
色的

马鞭草

Verbena officinalis

马鞭草科 马鞭草属

♀ 花期 6~9 月 ❋ 多年生草本

📏 高 30~80cm

实物大小

花冠管非常细

只招待自备吸管的顾客，粉紫色也是蝶类喜欢的颜色。

从下往上顺次开放

马鞭草多生长在河边、草地上，和它高大的植株比起来，花朵就显得很小了，在分叉的枝顶聚成穗状花序。在古代，马鞭草是常用的药草，不过到了今天已经没人使用了，并且因为外来种入侵问题，也变得越来越少见。马鞭草的花看起来很朴素，实际上对访花昆虫的种类要求很苛刻，只有那些小型蝶类才能用吸管状的口器从细小的花冠管中吸到花蜜。不过，如果沿着昆虫的视线往花中窥视，哇！怎么跟人的鼻孔似的，还有浓密的鼻毛？其实，那是防止蚂蚁钻进去偷蜜的路障。

对传粉者精挑细选，
花中细毛可阻挡蚂蚁

从这个角度看，像不像浓密的鼻毛？

花冠 5 裂，向外开展，花冠筒内壁有许多火柴棒形的细毛。

93

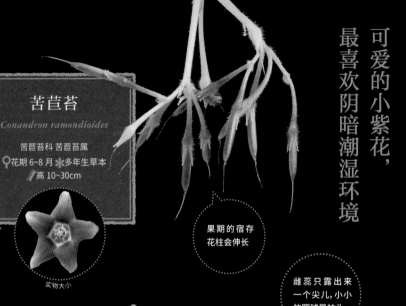

苦苣苔

Conandron ramondioides

苦苣苔科 苦苣苔属
♀花期 6~8 月 ❋多生草本
高 10~30cm

实物大小

因为叶片形状与烟草叶相似，所以在日语中名叫岩烟草。

果期的宿存花柱会伸长

雌蕊只露出来一个尖儿，小小的圆球是柱头

苦苣苔生长在岩壁上，花朵低垂向下开放。熊蜂前来访花传粉时也是由下方接近花朵。花朵上的斑纹，就好像指引船只进港的航标，昆虫进入的方向上，有前后错开的"指示灯"。5 块橙色斑点把雌蕊顶端的柱头围在正中，蜂类调整好位置，就可以像航船入港一样准确进入花里。苦苣苔花的造型非常精致，合生成筒状的 5 枚雄蕊和中间雌蕊组合起来，仿佛一个小小的火箭发射台，具有强烈的机械感。

雄蕊顶端的花药具有白色膜质的药隔突起，包围着雌蕊。

花冠 5 裂

5 枚略带紫色的雄蕊合生成筒，把雌蕊围在中间

苦苣苔一般贴在阴暗滴水的岩壁上生长。

最显眼的毛穗是吸引昆虫用的装饰

像翅膀一样宽大的萼片

这个小的才是花瓣

花瓣顶端有毛茸茸的流苏状附属物

如果按下附属物，雄蕊和雌蕊就会从花瓣的缝隙中钻出来。

瓜子金的小花上有着鸟翼般的萼片和珊瑚一样的花瓣附属物，在众多的小草中，可谓是具有"极致的美"。它的 3 枚花瓣组成筒状，上侧 2 枚、基部合生，下侧 1 枚。下侧的那枚花瓣包裹着雄蕊和雌蕊，顶端有着流苏状的附属物。当附属物被按下时，雄蕊和雌蕊就会从花瓣缝隙中探出头来，它就是这样利用昆虫传粉的啊！授粉过后，萼片会褪成绿白色，像贝壳一样把果实夹在中间，守卫着发育中的种子。

瓜子金

Polygala japonica

远志科 远志属

♀花期 4~7 月 ✳多年生草本

📏高 10~20cm

实物大小

分布于光照良好的山野草地。因为植株矮小，混杂在乱草之中，如果不仔细寻找，经常会把它忽视掉。

从花后探出来的部分像不像狸的耳朵?

野百合

Crotalaria sessiliflora

豆科 猪屎豆属

♀ 花期 7~9 月 ✳ 一年生草本

🖊 高 20~60cm

实物大小

译注:
野百合在中国分布很广。

野百合的花摇摇晃晃地挂在枝头，看上去圆滚滚的，布满褐色的长毛，毛最密的地方就是包着花蕾和果实的萼片了。野百合的花只在午后的一小段时间内，从花萼中钻出来开放，随后就会凋谢，再缩回花萼里。野百合本来是乡村原野的常见杂草，不过现在，在日本能见到它的地方已经不太多了。话说回来，野百合那蓝紫色的花确实是挺好看的……咦?花的背后怎么露出了两个小耳朵?难道这花是会法术的狸变成的?怪不得在日语里，它的名字叫做"狸豆"呢。

花萼像狸的
尾巴一样毛
茸茸

乱蓬蓬的
毛包裹着蝶形的小花

花萼和花柄
都是乱蓬蓬
的

99

集合吧，豆科植物！

一些豆科植物的花是典型的蝶形花冠：上方有一枚旗瓣，两侧是两枚翼瓣，最下是两枚龙骨瓣，合在一起看上去像是蝴蝶。雄蕊和雌蕊就藏在那两枚龙骨瓣里。

长柔毛野豌豆

Vicia villosa var. varia

实物大小

豆科 野豌豆属

♀花期 5~9 月 ☀一年生草本
🌿藤本植物

长柔毛野豌豆原产于欧洲，作为果园的绿肥而被广泛引种，后来逸为野生。春季开花，花色是紫红和白的拼色。近缘种广布野豌豆和它的区别是夏季开花，花冠蓝紫色。

数量众多的可爱小花在草原上沐浴着阳光绽放

马棘

Indigofera pseudotinctoria

实物大小

豆科 木蓝属

♀花期 7~9 月 ☀小灌木
🌿高 40~80cm

马棘大多生长在田间土路旁，枝条笔直，叶腋处长出粉红色的花序。原产于中国的河北木蓝高达 2m，日本把它当作公路护坡植物种植，不过，它和马棘之间能杂交，所以也导致了一些生态问题。

译注：
在《中国植物志》中，认为马棘和河北木蓝是同物异名，学名为 *Indigofera bungeana*，按照这一观点，本书原文中描述的二者区别，只是分布在中日两国的同一物种的不同亚种之间的差别。

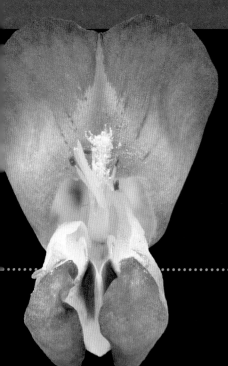

比本土的亚种繁殖更快！华丽的花朵点缀了道路

充满和风美，在地下也能开花

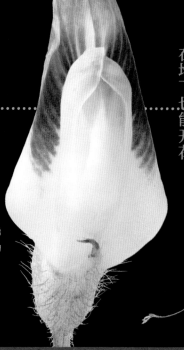

两型豆

实物大小

Amphicarpaea edgeworthii

豆科 两型豆属

📍花期 8~10 月 ✳一年生草本

🖌藤本植物

两型豆的花充满"和风之美"，在草丛中盛开。稀奇的是，它们还会在地下开花。这种开在地下的花是闭锁花，没有花瓣，外形就像个小小的花蕾，自花传粉后，伸入地下结出种子。

一对上花瓣

一对下花瓣，
其实是退化
雄蕊

5 枚萼片
像花瓣一
样开展

被下花瓣守
卫着的雄蕊
和雌蕊

每一朵花能结出 3 个果实，
种子表面有螺旋状的翅，被
风一吹就会旋转着飞走。

原产于中国，在
日本都市近郊繁
殖生长。

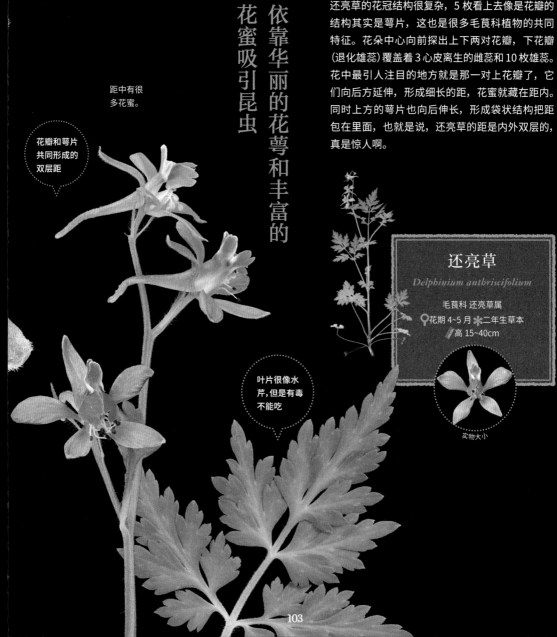

还亮草的花冠结构很复杂，5 枚看上去像是花瓣的结构其实是萼片，这也是很多毛茛科植物的共同特征。花朵中心向前探出上下两对花瓣，下花瓣（退化雄蕊）覆盖着 3 心皮离生的雌蕊和 10 枚雄蕊。花中最引人注目的地方就是那一对上花瓣了，它们向后方延伸，形成细长的距，花蜜就藏在距内。同时上方的萼片也向后伸长，形成袋状结构把距包在里面，也就是说，还亮草的距是内外双层的，真是惊人啊。

依靠华丽的花萼和丰富的花蜜吸引昆虫

距中有很多花蜜。

花瓣和萼片共同形成的双层距

叶片很像水芹，但是有毒不能吃

还亮草

Delphinium anthriscifolium

毛茛科 还亮草属

花期 4~5 月 ☀ 二年生草本

高 15~40cm

实物大小

雨久花

Monochoria korsakowii

雨久花科 雨久花属

♀花期 9~10 月 ✳ 一年生草本

✎ 高 20~40cm

实物大小

雄蕊中有一枚的颜色和其他不同

雨久花生长在水田、湿地中。6 枚雄蕊中只有一枚颜色为黑色，当其他 5 枚黄色的雄蕊将蜂类等昆虫吸引而至时，这枚黑色雄蕊就负责趁机将花粉蹭到昆虫身上。凤眼蓝的雄蕊同样有这两种类型，只不过 3 长 3 短，长的雄蕊闪闪发亮，很花哨。在它的故乡南美洲，有两种昆虫可以给它传粉，所以能够结果，但是引种到日本后，就只开花不结果了，通过分株等方式无性繁殖。

虽然花很漂亮,但是会在河道、池塘里大量繁殖,造成巨大的环境问题。

长雄蕊闪闪发亮,很花哨

凤眼蓝

Eichhornia crassipes

雨久花科凤眼蓝属

♀ 花期 6~11 月 ✳ 多年生草本

🖊 高 10~80cm

实物大小

短雄蕊偷偷摸摸地藏在花中

两种具有二型雄蕊的漂亮水生植物

紫露草

Tradescantia obiensis

鸭跖草科紫露草属
♀ 花期 5~8 月 ❋ 多年生草本
✒ 高 40~80cm

实物大小

闪闪发亮的『项链』是诱惑昆虫用的雄蕊

紫露草花中的雄蕊外形非常独特，花药和花丝上都生有密毛。如果用放大镜看，会发现每根毛都像珍珠项链一样闪闪发亮。其实，毛中那一粒一粒的"珍珠"，就是一个个正在分裂或刚刚分裂完的细胞，上面所反射出的闪亮光泽，可以误导昆虫，让它们以为这里有很多花蜜和花粉，从而纷纷到访，提高了传粉效率。在中学的生物学实验中，可以用紫露草雄蕊上的毛来观察细胞原生质体流动和有丝分裂。

原产于北美洲，后逸为野生。

一粒一粒的结构都是活细胞，可以收集花药中落下的花粉，然后蹭到昆虫身上。

把蓬松的雄蕊
放到显微镜下
观察……

会发现它像
闪闪发亮的
项链

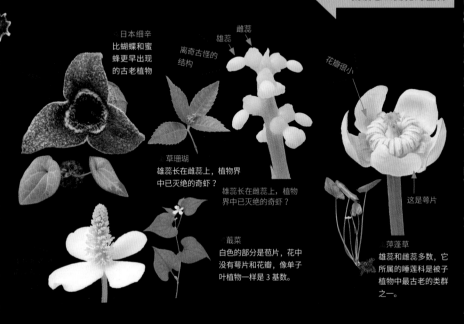

花的
小知识
03

纵贯古今的繁衍技巧

从远古时代开始，外形就没怎么变化的植物

日本细辛
比蝴蝶和蜜蜂更早出现的古老植物

离奇古怪的结构

雄蕊

雌蕊

花瓣很小

草珊瑚
雄蕊长在雌蕊上，植物界中已灭绝的奇虾？

雄蕊长在雌蕊上，植物界中已灭绝的奇虾？

蕺菜
白色的部分是苞片，花中没有萼片和花瓣，像单子叶植物一样是 3 基数。

这是萼片

萍蓬草
雄蕊和雌蕊多数，它所属的睡莲科是被子植物中最古老的类群之一。

花的种类实在是太多了，它们究竟经历了怎样的演化过程，才出现了这么高的多样性呢？过去，按照形态特点，人们将植物分为单子叶植物和双子叶植物，认为它们是演化历史上的两个分支。但自 20 世纪 90 年代以后，人们基于 DNA 序列等分子生物学证据，描绘出了新的分类系统，完全颠覆了过去的认知，在单子叶植物和双子叶植物出现之前，其实还有着一个更早分化出来的原始类群。

较晚出现的单子叶和双子叶植物

花序里有两种花

雌蕊数量众多

风一吹，花粉就飞~

好像口袋！

复杂的形状

▲大波斯菊
菊科植物，花序中心是管状花，周围是舌状花，合在一起看上去像是一朵花。

▲毛茛
双子叶植物中的古老类群，对传粉昆虫不挑不拣。

▲扇脉杓兰
欺骗熊蜂帮助传粉，兰科是一类花非常特化的单子叶植物。

▲水稻
风媒花，小穗外层有坚硬的颖，可以保护种子发育不受雨水和干旱影响。

▲益母草
唇形科的花有着复杂的立体构造，与蜂类传粉相适应。

这个类群叫做被子植物基部群，包括睡莲科、三白草科、金粟兰科、马兜铃科、木兰科、樟科等。在这些类群的植物身上，能够同时看到单子叶植物和双子叶植物的一些特征，它们的花有着特殊的结构，保留了一些演化早期的原始特点。

从原始类群中演化出来的另一些植物，后来分化成了单子叶植物和双子叶植物这两个类群。单子叶植物大多是草本植物，叶脉是平行脉，花3基数，多为虫媒花，在和各种昆虫的协同演化过程中，变得越来越多样。另外，也有一些种类抛弃了华丽的装饰，转而依靠风媒传粉，其中的最大类群就是禾本科，它们占据了陆地面积的25%。

双子叶植物中，草本和木本都很多，叶脉多为网状脉，花4或5基数，大多数也是虫媒花，与昆虫发生协同演化，既有接待各种昆虫的浅盘状花，也有严格挑选传粉者的立体花，颜色和结构千变万化。菊科植物的花还特化成了密集的头状花序。双子叶植物中也有一些类群出现了花瓣退化、雌雄分离等特点，向着风媒花的大方向演化。

都曾有过一段被重视
的日子……

——听一听杂草的身世谈

芝麻：在很久很久以前，我可是非常重要的纤维植物。我茎中的纤维又长又坚韧，织成的布叫做"上布"，通气性、吸湿性、速干性都非常优秀，特别适合制作夏装。但是因为棉布穿起来舒服，所以在棉花传入之后，人们就马上冷落了我。我从田地中被刨走，成为了路边、灌丛里的杂草，而且我的花也不是很漂亮，所以谁也不会特意看我一眼。不过，现在我们的一些同胞正在作为传统工艺的原材料而重新被人们所重视。

葛：我在古时候可是非常活跃。在日本还入选了"秋之七草"之一。我的茎可以提取纤维，还能编成箱子和筐，叶子是牛马的饲料，根里的淀粉提取出来就是葛粉，还能用来熬葛根汤。不过现在生产的葛粉，基本上和我没什么关系了，而是用土豆、番薯或玉米做成的。吉田兼好在《徒然草》中，把我当作一种庭院的栽培植物，并且说我"不太高、也不太茂密的比较好"。那个时候啊，我很受人欢迎，藤蔓只要长到一定尺寸，马上就会被收割走，可是最近，我却总被人说是垃圾，真是气人啊。

蕺菜：我曾经也是重要的药草，家家户户都喜欢把我种在院子里。不过现在大家都喜欢干净、清洁，我的腥臭味太强烈了，所以就彻底成了人们讨厌的植物了。

——啊，原来如此啊，这么看来各位还真是可怜呢。

红——色——的——花

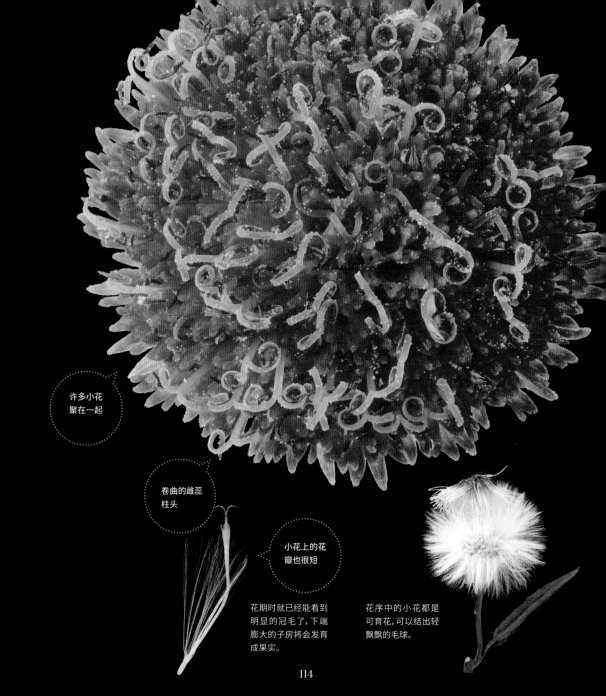

许多小花
聚在一起

卷曲的雌蕊
柱头

小花上的花
瓣也很短

花期时就已经能看到
明显的冠毛了，下端
膨大的子房将会发育
成果实。

花序中的小花都是
可育花，可以结出轻
飘飘的毛球。

114

野茼蒿

Crassocephalum crepidioides

菊科 野茼蒿属
♀花期 8~10 月 ✳一年生草本
✐高 30~70cm

实物大小

在非洲,有人
把它当做野
菜食用。

野茼蒿的花序像一个红色的绒球,大约由
200 个小花组成。小花从外至内依次开放,
雌蕊在钻出花冠的时候,也把雄蕊上的花
粉推了出来。雌蕊的顶端分成二叉,向后
卷曲,成功授粉后,会发育出带有发达冠
毛的果实。在英语中,它的名字叫做 Red-
flower ragleaf,直译就是红花褴褛菊,这
是因为它的叶缘具有不规则的裂片,看上
去像破布一样。野茼蒿的原产地在非洲热
带地区,现在世界各国都成了常见的杂草。

花序下垂,
仔细观察能看到
可爱的卷卷雌蕊

下垂的
花序

115

顶端的白
刺是雄蕊
的尖儿

花冠深处绒
毛密布

半边莲

Lobelia chinensis

桔梗科 半边莲属
花期 6~10 月 多年生草本
高 10 ~ 15 cm

实物大小

不光花形奇特，
传粉方式也与众不同

雄蕊合生成筒状，包围着雌蕊的花柱。花冠
深处的毛既可以防止花蜜流出，又能阻拦
蚂蚁等昆虫钻进去偷蜜，花瓣上的绿色隆
起可以指引蜂类准确地落到雌蕊正下方。

从中间钻出来的球形结构就是雌蕊柱头

雄蕊上的凸起把花粉推出去以后，雌蕊的柱头才会伸出来。

半边莲生长在水田或水沟边，体内的白色乳汁有毒，与它同属的山梗菜是一种湿地中的野花。

开花的姿态就像是一个人将双手向上张开

半边莲的花，看上去像不像正在行礼的公主或者是在天上飞翔的凤凰？花顶的部分是雄蕊和雌蕊，不过它们并非同时成熟。开花后，首先是雄蕊借助两个凸起，把花粉推出去，粘到蜜蜂的背上，之后雌蕊圆圆的柱头才会现身，从蜜蜂身上接受它之前携带上的花粉。这种雌雄蕊异熟的机制可以减少自花传粉的概率，所产生的种子具有更大的基因多样性，更容易抵抗病虫害和环境变化。

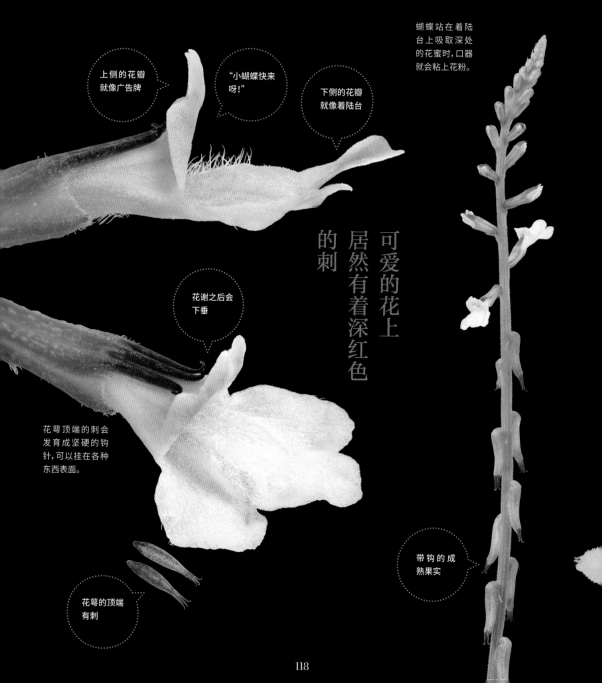

蝴蝶站在着陆台上吸取深处的花蜜时，口器就会粘上花粉。

上侧的花瓣就像广告牌

"小蝴蝶快来呀！"

下侧的花瓣就像着陆台

可爱的花上居然有着深红色的刺

花谢之后会下垂

花萼顶端的刺会发育成坚硬的钩针，可以挂在各种东西表面。

带钩的成熟果实

花萼的顶端有刺

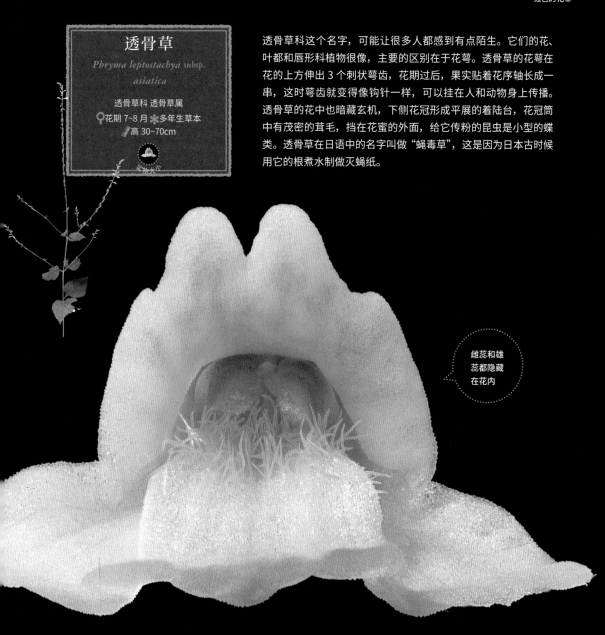

透骨草

Phryma leptostachya subsp. asiatica

透骨草科 透骨草属

📍花期 7~8 月 ☀多年生草本

📏高 30~70cm

实物大小

透骨草科这个名字，可能让很多人都感到有点陌生。它们的花、叶都和唇形科植物很像，主要的区别在于花萼。透骨草的花萼在花的上方伸出 3 个刺状萼齿，花期过后，果实贴着花序轴长成一串，这时萼齿就变得像钩针一样，可以挂在人和动物身上传播。透骨草的花中也暗藏玄机，下侧花冠形成平展的着陆台，花冠筒中有茂密的茸毛，挡在花蜜的外面，给它传粉的昆虫是小型的蝶类。透骨草在日语中的名字叫做"蝇毒草"，这是因为日本古时候用它的根煮水制做灭蝇纸。

雌蕊和雄蕊都隐藏在花内

119

马缨丹原本是美丽的园艺植物，不过现在在全世界热带、亚热带的温暖地区，已成了问题很严重的外来入侵种。

马缨丹
Lantana camara

马鞭草科 马缨丹属
🌸花期 5~11 月 ❋常绿小乔木
📏高 50~150cm

实物大小

色彩多变的
有趣花卉，
逸为野生后却
很讨厌

花色会从
黄、粉红变
至红色

高约 1m 的小灌木，
茎上有细小的刺。

马缨丹的花聚成密集的半球形，刚开时黄色，随后会变成粉红，最后是红色，整个花序看起来就像是染了渐变色一样。花冠筒细长，拥有细长口器的蝴蝶会一边在花旁飞舞，一边吸取花蜜。有趣的是，蝴蝶们知道不同颜色的花所代表的含义，喜欢挑选刚刚开放、花蜜比较多的黄色花朵取食。对马缨丹来说，这可以提高传粉效率。那些已经授粉完毕、花蜜干涸的花，则逐渐变红，专门负责将蝴蝶吸引过来。

从外向内依次开放

花蕾四角形

细长的花冠管内存有花蜜。

高约 1m 的小灌木，茎上有细小的刺。

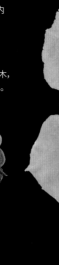

过江藤

Phyla nodiflora

马鞭草科 过江藤属

♀花期 7~10 月 ❋多年生草本

🗡高 10~20cm

实物大小

顶着可爱皇冠的海岸杂草

椭圆形的穗状花序长约 1.5cm,花朵从下往上顺次开放。

花期到来以后，花就一朵接一朵地探出头来

颜色会渐渐变成粉红

过江藤原本是一种海岸植物，茎叶常绿，贴着地面匍匐生长，在日本经常种在香草园之类的地方，用来代替普通的草坪。其穗状花序长在细长的花序梗顶端，花朵像头带一样一圈一圈地开放。刚开花时白色，随后会变成粉红，和同科的马缨丹类似。过江藤的生命力十分顽强，既耐旱又耐盐碱，就算是经常被人踩踏也不碍事，不过也正因如此，它和同属的园艺变种小过江藤一样，一旦逸为野生，也很可能会造成严重的生物入侵问题，需要多加警惕。

小过江藤的花序比较短

整个花序看上去就像是一朵花，直径约1cm。

盛开的
朱红色小喇叭花

圆叶茑萝现已在日本关东以西地区逸为野生，变为农田的有害杂草。

圆叶茑萝原产南美洲，在故乡是由蜂鸟传粉的。红色是鸟类比较敏感的颜色，细长的花冠筒也和蜂鸟的喙相适应。它和同属近亲茑萝松一起，作为观赏植物被引种到日本，茑萝松的叶有羽状细裂，而圆叶茑萝的叶近似圆形。在日本，比较难伺候的茑萝松现在还是庭院花卉，皮实的圆叶茑萝已经逸为野生，凤蝶替代了蜂鸟给它传粉，另外，它也能通过自花授粉结出果实。

圆叶茑萝

Ipomoea coccinea

旋花科 虎掌藤属
花期 8~10 月 ✳一年生草本
藤本植物

实物大小

花蕾非常多

和牵牛花的果实长得很像

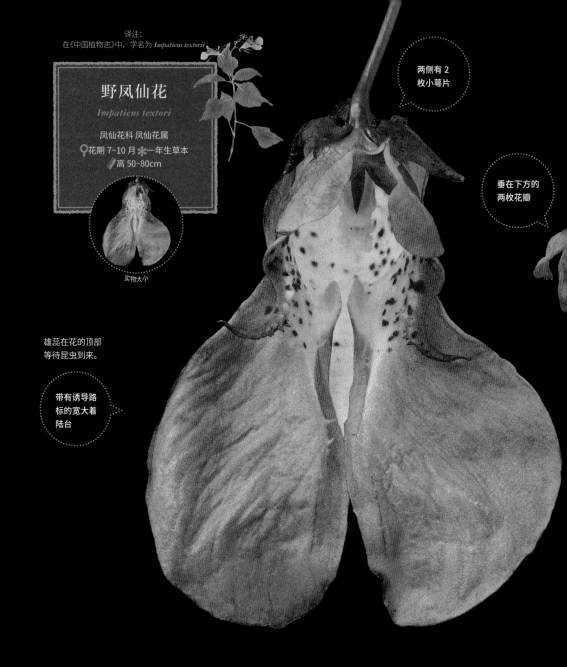

译注：
在《中国植物志》中，学名为 *Impatiens textorii*

野凤仙花
Impatiens textori

凤仙花科 凤仙花属

花期 7~10 月 ☀一年生草本

高 50~80cm

实物大小

两侧有 2
枚小萼片

垂在下方的
两枚花瓣

雄蕊在花的顶部
等待昆虫到来。

带有诱导路
标的宽大着
陆台

这部分其实也是花萼，距的深处有许多花蜜

花由 3 枚萼片和 3 枚花瓣组成。

秋天在水边
盛开的花，
卷卷的花萼是
其最显著
的特征

果皮卷曲

果实成熟后炸裂，可以把种子弹飞很远。

野凤仙花的花朵就像一艘被吊起来的小船，前方大门敞开，后方的萼片伸长，形成螺旋状卷曲的距。熊蜂是来访问的常客，它们只需几秒钟的时间，就能熟练地钻进花中，吸取距里的花蜜。花朵前方的花瓣是着陆台，黄色的沟状结构就像是降落跑道，而雄蕊就垂挂在花顶，可以把花粉蹭到熊蜂的背上。这种复杂的花结构，是在与昆虫长期的协同演化过程中形成的。野凤仙花也有雌、雄蕊异熟现象，雌蕊的位置比雄蕊更深，等到花粉释放完毕后才会伸长。

水金凤的花也很漂亮，黄底色上带有红斑点

同属的水金凤与野凤仙花生境类似，经常长在一起。

是一道独特的风景。它时花果挤成个密集的穗，从上往下顺次开放，下方颜色比较淡的花是新开的，能够释放花粉；而上方那些颜色深的花，则是已经开放有一段时间了，雄蕊里的花粉早已没了。地榆的花没有花瓣，看上去像是花瓣的部分实际上是萼片，数量不是5枚而是4枚，雄蕊也是4枚，虽然和大部分蔷薇科植物一点都不像，但它确确实实是蔷薇科的一员。

花之后，花萼就会染上爱的淡粉色

地榆
Sanguisorba officinalis

蔷薇科 地榆属

📍花期 8~10 月 ✳多年生草本
📏高 50~100cm

实物大小

黄色的花粉
分量很足

从上往下顺
次开放

染上粉红色的
部分看上去是
花瓣，其实是
萼片

萼片顶端的凸起，
是花蕾期互相别
在一起用的卡扣。

萼片和雄蕊
都是 4 枚

129

粉红色的花瓣和星形的花萼都非常可爱呀

茅莓的花就好像一个精致的糕点盒子，雌蕊花柱的形状像一根红线，每根花柱下边都有一个子房，将来会发育成莓果中的一粒果实，也就是说，一朵花中有多少花柱，将来就会有多少个小果。花柱从花瓣的缝隙中探出头来，等待着与花粉的相会。茅莓的雄蕊也和子房一样藏在花瓣下边，这是为什么呢？这是为了防止自花传粉。接受了其他同类的花粉后，茅莓花就会发育成一粒一粒的美味果实，吸引鸟兽取食，然后通过它们的粪便传播种子。

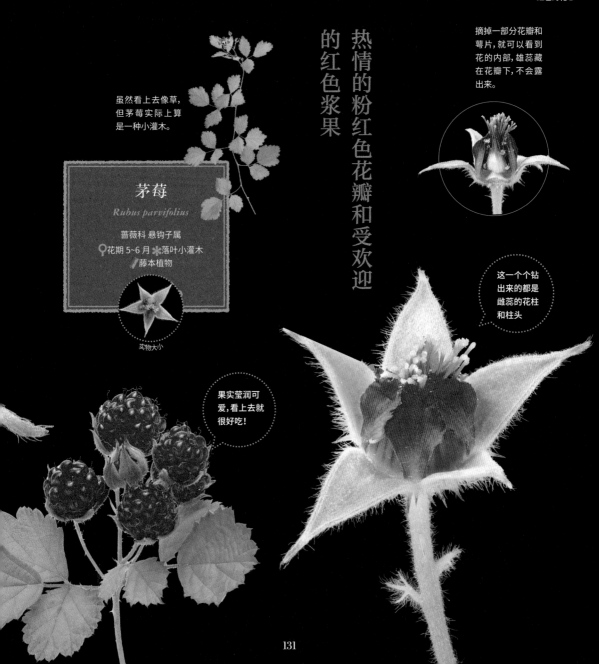

摘掉一部分花瓣和萼片,就可以看到花的内部,雄蕊藏在花瓣下,不会露出来。

热情的粉红色花瓣和受欢迎的红色浆果

虽然看上去像草,但茅莓实际上算是一种小灌木。

茅莓

Rubus parvifolius

蔷薇科 悬钩子属
♀花期 5~6 月 ❋落叶小灌木
🌿藤本植物

实物大小

这一个个钻出来的都是雌蕊的花柱和柱头

果实莹润可爱,看上去就很好吃!

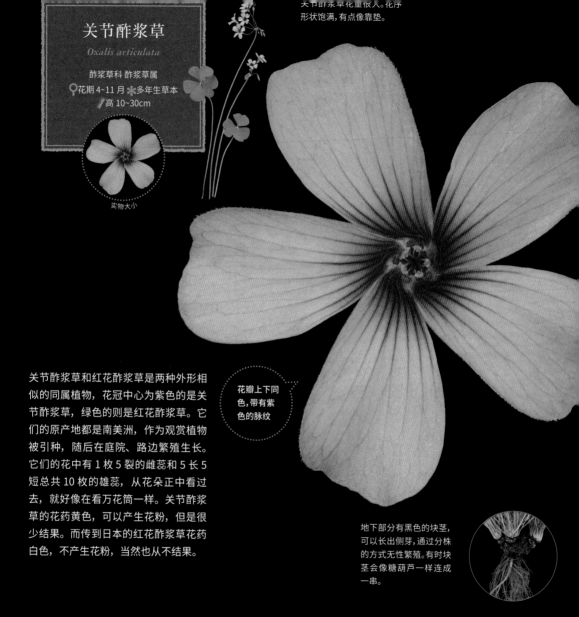

关节酢浆草花重人。化序
形状饱满，有点像靠垫。

关节酢浆草

Oxalis articulata

酢浆草科 酢浆草属

花期 4~11 月　多年生草本

高 10~30cm

实物大小

花瓣上下同
色，带有紫
色的脉纹

关节酢浆草和红花酢浆草是两种外形相似的同属植物，花冠中心为紫色的是关节酢浆草，绿色的则是红花酢浆草。它们的原产地都是南美洲，作为观赏植物被引种，随后在庭院、路边繁殖生长。它们的花中有 1 枚 5 裂的雌蕊和 5 长 5 短总共 10 枚的雄蕊，从花朵正中看过去，就好像在看万花筒一样。关节酢浆草的花药黄色，可以产生花粉，但是很少结果。而传到日本的红花酢浆草花药白色，不产生花粉，当然也从不结果。

地下部分有黑色的块茎，可以长出侧芽，通过分株的方式无性繁殖。有时块茎会像糖葫芦一样连成一串。

132

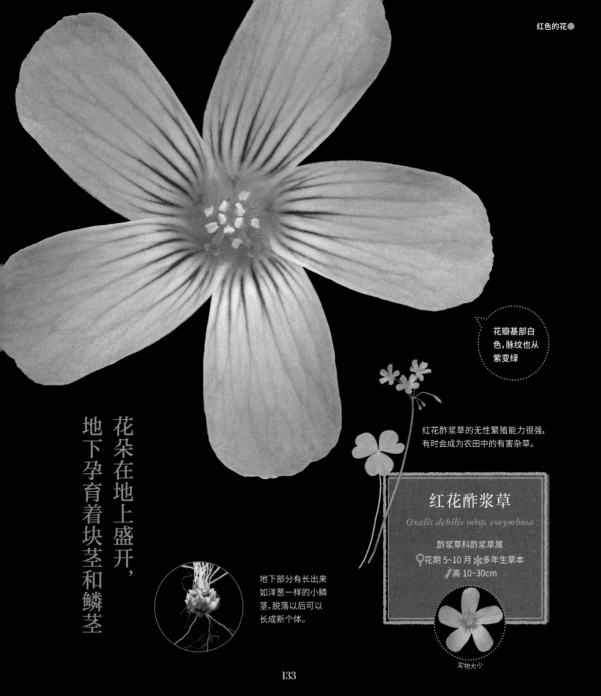

花瓣基部白色,脉纹也从紫变绿

红花酢浆草的无性繁殖能力很强,有时会成为农田中的有害杂草。

花朵在地上盛开,
地下孕育着块茎和鳞茎

地下部分有长出来如洋葱一样的小鳞茎,脱落以后可以长成新个体。

红花酢浆草

Oxalis debilis subsp. corymbosa

酢浆草科酢浆草属
♀花期 5~10 月 ❋多年生草本
🌿高 10~30cm

实物大小

聪明的花，
雌蕊和雄蕊长度不同，
可以避免自花传粉

长雌蕊型，
雄蕊有长
有短

光千屈菜生长在水田和湿地，因为花期和日本的盂兰盆节（8月13~16日）接近，所以在日本也叫"盆花"。它和紫薇同属于千屈菜科，嗯……那轻飘飘的粉红色花瓣确实也很像紫薇。千屈菜属植物有花柱异型的现象，不同植株的雌蕊和雄蕊长度不同，只有不同类型的花之间可以传粉，这是避免自花传粉的措施。同属的千屈菜也生活在湿地里，花萼和茎上都有细密的绒毛。

红色的花●

这朵花是短雌蕊型

光千屈菜
Lythrum anceps

千屈菜科 千屈菜属

♀花期 7~8 月 ✳多年生草本

📏高 50~100cm

实物大小

译注:
在《中国植物志》中,
认为光千屈菜和千屈菜是同物异名,
学名为 *Lythrum salicaria*

雄蕊 12 枚,
长短各半。

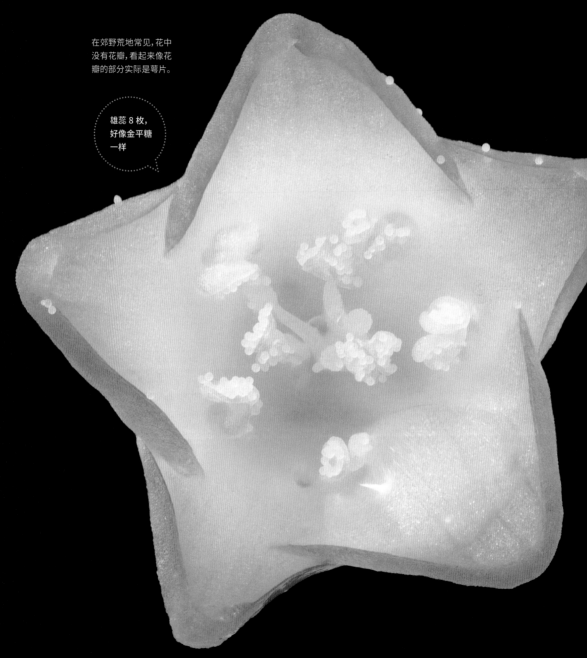

在郊野荒地常见，花中没有花瓣，看起来像花瓣的部分实际是萼片。

雄蕊 8 枚，好像金平糖一样

刺蓼

Persicaria senticosa

蓼科 蓼属

♀花期 5~10 月 ✳一年生草本
🌱高 30~100cm

实物大小

译注：
在《中国植物志》中，
学名为 *Polygonum senticosum*

在秋天的原野上，经常能够看到刺蓼花随风摇曳，它的花序形似金平糖，花冠是渐变的粉红色，完全是梦幻中的少女形象。不过呢，它全株都长满了扎人的尖刺，只能远观而无法亵玩。戟叶蓼是刺蓼的近亲，叶片形状像牛头，刺也更加稀疏。

明明是很可爱的花，它怎么就这么扎手呢

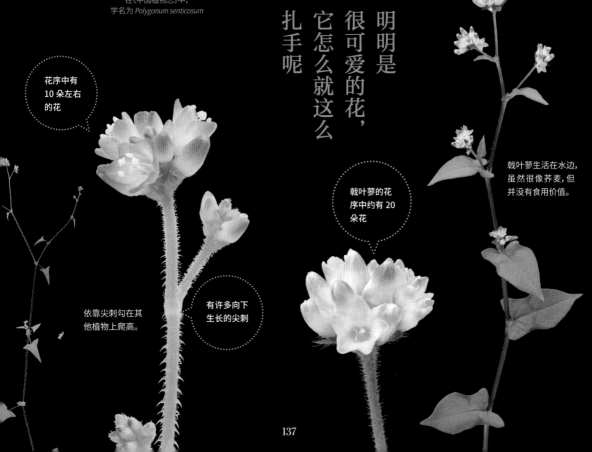

花序中有 10 朵左右的花

戟叶蓼的花序中约有 20 朵花

戟叶蓼生活在水边，虽然很像荞麦，但并没有食用价值。

依靠尖刺勾在其他植物上爬高。

有许多向下生长的尖刺

137

长荚罂粟鲜红色的花，与歌剧《卡门》中卡门的黑色长发非常相配。它原产于地中海沿岸，是一种一年生草花，秋天发芽，春天开花，种子成熟后枯死。正常情况下，花的直径约有 5cm；如果营养不足，植株会变小，最小的花直径只有 1cm。花的大小也会影响种子的数量，5cm 的大花能结出约 2000 粒种子，而 1cm 的小花结出的种子不过 50 粒，差距非常明显。即便如此，长荚罂粟还是为了结种而热情绽放，果然和卡门非常相配啊。

长荚罂粟

Papaver dubium

罂粟科 罂粟属
♀花期 4~6 月 ✳一年生草本
🌱高 5~60cm

也有这么
小的花哦

实物大小

花蕾上有浓
密的毛

啊！发现了带有斑点的花！

蒴果成熟后，会从顶端裂开许多小孔，细小的种子由孔中散出。种子的数量非常多，但只有针尖那么大。

每朵花雌蕊
顶端的棱数
各不相同

精神的
可爱杂草

闪闪发光的
小颗粒是给
回头客的礼物

向昆虫展示
花哨的斑纹

黄色的花纹是指
向蜜腺的路标。

雌蕊柱头 3
裂, 每个裂片
又分为 2 叉

台湾油点草

Tricyrtis formosana

百合科 油点草属

♀花期 8~10 月 ✳多年生草本

🌱高 60~100cm

实物大小

茎直立生长，许多朵花聚生在茎顶。

油点草属花上的斑点很像杜鹃鸟前胸的斑纹。它 6 枚花被片中，外轮的 3 枚是萼片，基部生有膨大的蜜腺，雌蕊和雄蕊竖在花朵中央。熊蜂钻进去采蜜时，花粉会蹭到它的背上。雌蕊的柱头上长满闪闪发亮的小颗粒，那是在模拟花蜜的反光。台湾油点草本来是作为园艺花卉引种到日本的，但后来在房屋周围逸为野生。同属的毛油点草是日本的原生种，主要分布在山区。

日本原产的毛油点草开淡紫色的花

这是日本原产的毛油点草，茎下垂生长，叶片基部抱茎，花 1~3 朵腋生。

6 枚雄蕊向下弯曲，待熊蜂钻进花中采蜜，花粉就可以蹭到它的背上去。

141

分类体系改变，亲属关系也发生了重大变化

四分五裂的玄参科

过去的玄参科，是包括了 306 属 5850 种的大科，但实际上它们是被硬凑到一起的。现在其中大部分种类都被迁移到了车前科等 7 个科里，只剩下 60 个属 1900 种。

归入车前科
阿拉伯婆婆纳
花左右对称，花冠 4 裂。

和阿拉伯婆婆纳居然是亲戚！

独立成通泉草科

葡茎通泉草
花左右对称，唇形花冠，雌蕊柱头被触碰后会闭合。

独立成母草科

留在玄参科里
毛蕊花
花左右对称，雄蕊的花丝上有绒毛。

蓝猪耳
园艺植物，雌蕊柱头被触碰后经常会闭合。

车前
风媒花，花冠 4 裂，已经退化得非常小了。

花是植物身上最能体现物种差异的部分，在旧的分类系统中，花的结构特征也是重要的分类依据。不过近年来，关于生物的遗传物质——DNA 的研究逐渐深入，人们根据碱基排列顺序等分子生物学证据，拟定了全新的"APG 分类系统"。至今，研究还未停止。APG 分类系统经历了几次升级更新，与旧的分类系统有了很大的不同。许多花形相似、之前被认为是亲戚的植物，现在发现其实并非是一家人。

海州常山
叶片恶臭，花朵芳香，吸引蝶类和蛾类。

台湾吊钟花
杜鹃花科的小灌木，春天会开出下垂的吊钟形花朵。

归并到唇形科的植物们
马鞭草科本来就是唇形科的近缘科，根据 DNA 证据，有一部分马鞭草科植物归并进了唇形科。

马鞭草科也分家了···

科完全不同，但是长得却很像！
台湾吊钟花和铃兰是两种亲缘关系很远的植物，但是它们的花都像白色的吊钟，边缘也都向外反折，这是因为给它们传粉的昆虫都是蜂类，属于趋同演化。

白棠子树
庭院里常见的小灌木，秋天会结出漂亮的紫色果实。

铃兰
天门冬科的园艺植物，花也是向下开放。

从 2000 年之后，日本新出版的植物图鉴大多都采用了 APG 分类系统，这样一来，一些曾经的大家族，比如玄参科、百合科变得四分五裂，而天门冬科、母草科等一些令人听着陌生的新科名闪亮登场。

对于那些已经熟悉了旧分类系统的人来说，一开始可能会觉得有些不适应，但是在翻阅了新的图鉴之后，一定会因洞悉了两类植物的共同点而恍然大悟，因更加了解了传粉方式是如何导致花朵演化而为花的顽强生存所感动。不管

怎样，你都会有一种解谜成功的成就感。

植物图鉴可以说是百看不腻。我们也因此可以看到明明有着同样的祖先，阿拉伯婆婆纳和车前的外形差异却非常大，而亲缘关系很远的吊钟花和铃兰，花朵却是如此地相似。花的颜色和形状，都是在与传粉媒介以及竞争对手的协同演化中形成的。而那些产生种子的策略和性别表现，更说明了植物的演化进程一直没有停止过。

叶尖的宝石

早早起床，呼吸着清晨凉爽的空气散步，真是舒服啊。初升的太阳照在那些蹭蹭生长的禾草上，它们叶尖的水滴闪闪发亮，折射出钻石一般的光芒。当太阳完全升起后，沐浴着阳光的广阔草地，简直就像是一片熠熠生光的宝石海洋。

在黎明之前，地表会因为辐射冷却现象而迅速降温，这时候空气中的水蒸气就会在叶片表面凝结，形成细小如雾的小水滴，这就是所谓的朝露。

不过，禾草叶尖的水滴，并非是朝露，而是根系吸收水分后由叶尖排出的吐水现象。除了禾草，问荆的茎顶、茎节和地榆叶片锯齿边缘，也能这样吐出水滴，在阳光下，闪闪发亮。这一切都是植物自身调节所形成的。

植物的叶片上生有许多气孔，白天张开，释放水蒸气，这就是蒸腾作用。因为蒸腾作用提供的拉力，根系吸收的水分才能源源不断地输送到茎叶顶端。而入夜之后，气孔关闭，在渗透压的作用下，根系依然从土中吸水向上运输。水在叶片中积累，多余的水分，则通过叶片尖端的小孔排出，于是就形成了水滴。在气温低而湿度高的清晨，水滴蒸发得很慢，于是我们就看到了那些宛如美丽玻璃吊灯的小水滴。

所以，我十分推荐早起散步，出去走走，一定会因为这样的美景而深受感动。

绿、茶色的花

羊乳

Codonopsis lanceolata

桔梗科 党参属

♀花期 8~10 月 ❋多年生草本
🗡藤本植物

实物大小

绿色和褐色花的传粉者，大多是一些奇奇怪怪的客人，比如羊乳花，它们所吸引的传粉者，是粗暴的近胡蜂。当它们钻进花中舔食花蜜时，身体就会粘上花粉。如果从近胡蜂的视角来看，羊乳花具有不可思议的几何图案。羊乳花的雄蕊最初聚在花朵正中，然而释放完花粉后就会贴边散开，取而代之的是雌蕊的成熟柱头在中心张开。在日本，羊乳有一个别名写作"爺蕎"，这是说它花上的黑斑像老爷爷脸上的老年斑，同属雀斑党参，花上也有斑点，别名和羊乳相对应，叫做"婆蕎"。

刚开放时，雄蕊在中心集合

羊乳是山区常见的杂草，根部粗大，形似人参，过去也曾是药膳的食材。

宽大的萼片和圆鼓鼓的花冠

148

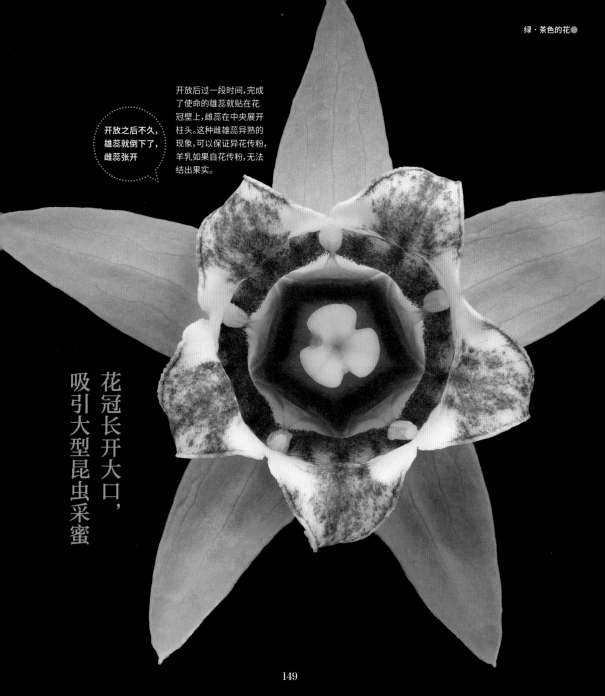

开放之后不久,
雄蕊就倒下了,
雌蕊张开

开放后过一段时间,完成了使命的雄蕊就贴在花冠壁上,雌蕊在中央展开柱头。这种雌蕊异熟的现象,可以保证异花传粉,羊乳如果自花传粉,无法结出果实。

花冠长开大口,
吸引大型昆虫采蜜

雌蕊和雄蕊
像接吻一样

小列当原产于欧洲，全株都没有叶绿
素，是一种奇妙的寄生植物。它会将
寄生根扎到豆科或菊科植物的根上，
吸取水和养分，地上部分只有繁殖器
官。它的花结构精妙，花瓣带有褶边，
包围着粗壮的雌蕊和长短各 2 枚的雄
蕊。雌蕊的柱头在花期临近结束时，
会向内卷曲，与雄蕊接触，完成自花
传粉。小列当的种子长度只有
0.3mm，但是数量众多，在感受到寄
主植物释放出来的化学物质以后就会
萌发，开始寄生生活。

茎和萼片上都
有许多顶端球
形的腺毛

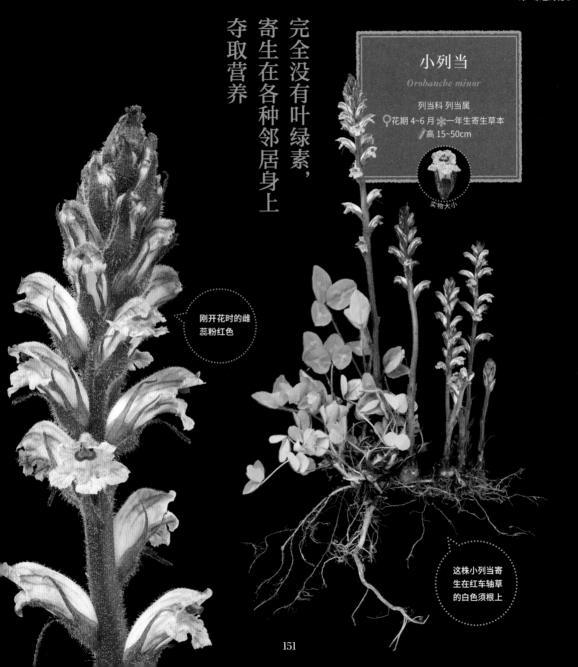

完全没有叶绿素，
寄生在各种邻居身上
夺取营养

小列当
Orobanche minor

列当科 列当属
花期 4~6 月　一年生寄生草本
高 15~50cm

实物大小

刚开花时的雌
蕊粉红色

这株小列当寄
生在红车轴草
的白色须根上

151

各位，请稍稍留步，来欣赏一下花点草那独特的传粉技巧吧。它的雄花开在茎顶，被温暖的阳光照射以后，原本折叠着的雄蕊基部受到压力，在一瞬间弹起，同时把花粉投向空中。如此一来，即使它长得矮小，或是平静无风，也不会影响到花粉的散布。响晴白日时，花点草会在草丛里像点燃狼烟一样，"噗""噗"地释放花粉。而那些接受花粉的雌花，长度还不到 1mm，聚集生长在叶腋处。

雄花在茎顶开放

雌花藏在这个地方

伸直时的反作用力会把花粉抛出

雄花的花丝最初是向内弯折

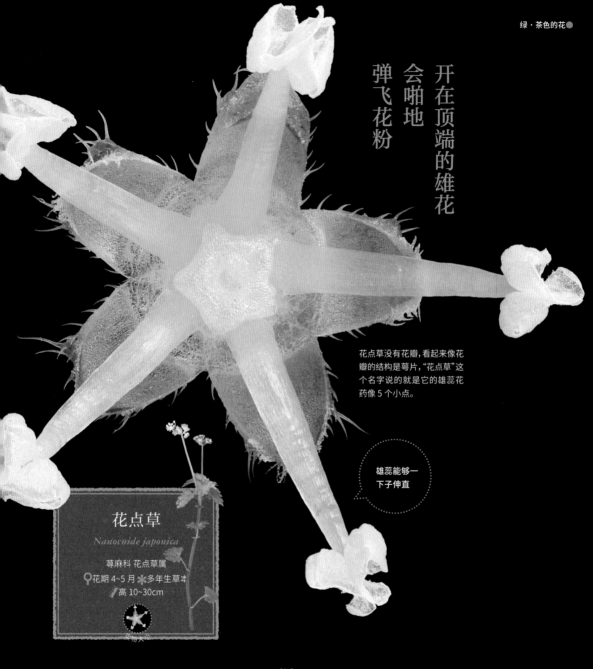

开在顶端的雄花
会啪地
弹飞花粉

花点草没有花瓣，看起来像花瓣的结构是萼片，"花点草"这个名字说的就是它的雄蕊花药像 5 个小点。

雄蕊能够一下子伸直

花点草
Nanocnide japonica

荨麻科 花点草属
♀花期 4~5 月 ✳ 多年生草本
🌿 高 10~30cm

实物大小

花垂向下方，
可以高效地
散播花粉

雄花闪闪发亮

花粉从硕大的雄蕊中簌簌散落

154

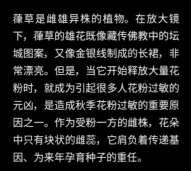

葎草是雌雄异株的植物。在放大镜下，葎草的雄花既像藏传佛教中的坛城图案，又像金银线制成的长裙，非常漂亮。但是，当它开始释放大量花粉时，就成为引起很多人花粉过敏的元凶，是造成秋季花粉过敏的重要原因之一。作为受粉一方的雌株，花朵中只有块状的雌蕊，它肩负着传递基因、为来年孕育种子的重任。

茎和叶柄上具有很多锐利的倒刺，便于它爬到其他植物上，展开那宽大的掌状叶片。

雄株的花在枝头直立。

包裹着幼嫩果实的雌花序

正在开花的雌花序，能看到其中的白色柱头

葎草
Humulus scandens

大麻科 葎草属
♀花期 8~10 月 ☀一年生草本
🌿藤本植物

实物大小　实物大小

雌株的花序小而下垂。

名字虽然叫葡萄但是
果实不能吃

虽然和葡萄同科，也有颜色鲜艳的果实，但是却不能吃

花序中有许多两性花

雌蕊基部的花盘中盛满花蜜

果实成熟后五颜六色，就好像宝石一样。

异叶蛇葡萄

Ampelopsis glandulosa var. heterophylla

葡萄科 蛇葡萄属

🌸 花期 7~8 月 ✳ 多年生草本

🌿 藤本植物

实物大小

利用卷须在其他植物或篱笆上攀缘。

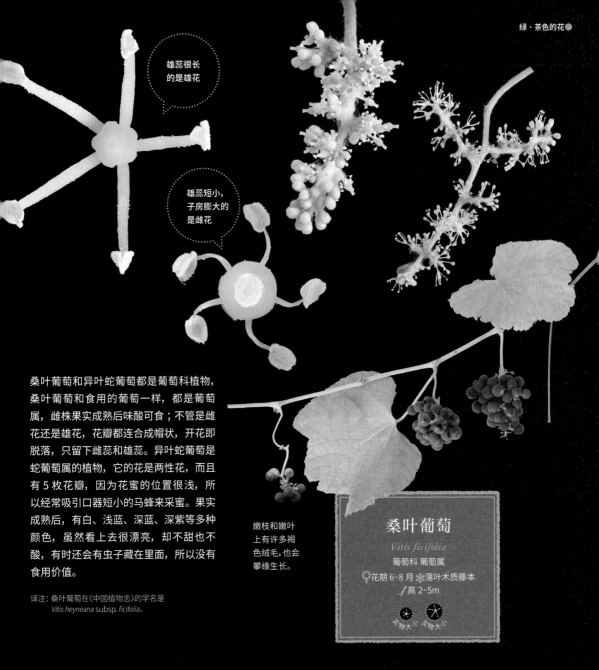

雄蕊很长
的是雄花

雄蕊短小，
子房膨大的
是雌花

桑叶葡萄和异叶蛇葡萄都是葡萄科植物，
桑叶葡萄和食用的葡萄一样，都是葡萄
属，雌株果实成熟后味酸可食；不管是雌
花还是雄花，花瓣都连合成帽状，开花即
脱落，只留下雌蕊和雄蕊。异叶蛇葡萄是
蛇葡萄属的植物，它的花是两性花，而且
有 5 枚花瓣，因为花蜜的位置很浅，所
以经常吸引口器短小的马蜂来采蜜。果实
成熟后，有白、浅蓝、深蓝、深紫等多种
颜色，虽然看上去很漂亮，却不甜也不
酸，有时还会有虫子藏在里面，所以没有
食用价值。

译注：桑叶葡萄在《中国植物志》的学名是
Vitis heyneana subsp. *ficifolia*。

嫩枝和嫩叶
上有许多褐
色绒毛，也会
攀缘生长。

桑叶葡萄
Vitis ficifolia
葡萄科 葡萄属
📍花期 6~8 月 ❋落叶木质藤本
📏高 2~5m

实物大小　实物大小

157

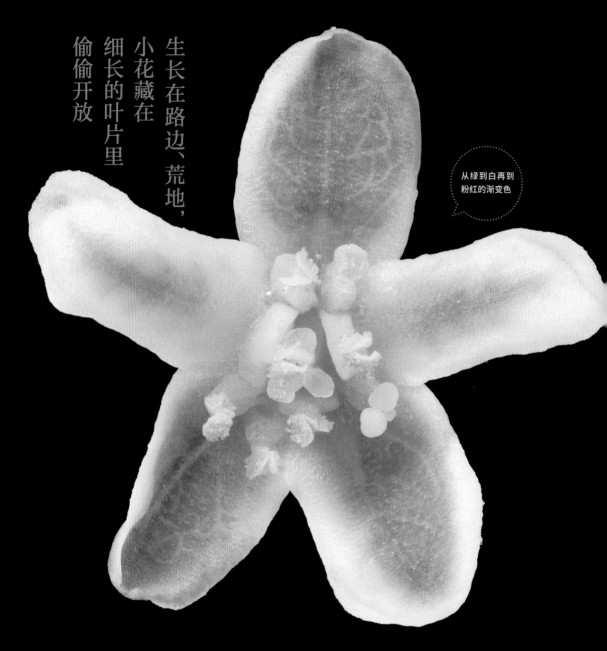

生长在路边、荒地，
小花藏在
细长的叶片片里
偷偷开放

从绿到白再到
粉红的渐变色

5 个花冠裂片中，外轮的 3 枚比较大，绿色较深；内轮 2 枚细一些，颜色也比较白，雄蕊 8 枚。

萹蓄是在路边、荒地常见的小草，枝条细长柔软。它的花被片 5 裂，雄蕊 8 枚，似乎在对人嘟囔着"我是蓼科植物呀"。对了，它的托叶成鞘抱茎，这其实也是蓼科的一大特征。如果再仔细观察萹蓄的花，还会发现花被片中，外轮的 3 枚比较宽大，绿色较深；内轮的 2 枚比较窄，颜色较浅。理论上蓼科植物的花被片中是没有花瓣，只有萼片 5 枚，不过这么一看，也有可能是 3 枚萼片 2 枚花瓣？

托叶膜质、成鞘抱茎，花蕾就是从托叶内侧长出来的，一朵接一朵地开花。

叶片像柳树叶一样细长

花从叶基钻出来

萹蓄

Polygonum aviculare

蓼科 萹蓄属

♀ 花期 5~10 月 ✽ 一年生草本

✂ 高 10~40cm

实物大小

瘦果非常小，长度只有 2mm。

雌蕊，黑乎乎的
是雄蕊的花药

开花 狗尾草也会

金色狗尾草

Setaria pumila

禾本科 狗尾草属
♀花期 8~10 月 ❋一年生草本
✿高 30~80cm

实物大小

花序下方有
蓬松的毛。

金色狗尾草那小巧的穗上支棱起许多漂亮的金色鬃毛，如果和猫咪玩耍的时候手头没有逗猫棒，不如去揪它一两根。如果把它那颗粒分明的花序放大来看，能看到小穗的顶端伸出来一个漂亮的红色毛穗，这就是它的雌蕊柱头。那摇摇晃晃的白线是雄蕊的花丝，顶端的黑帽子就是花药，随风飞舞的花粉被毛茸茸的柱头拦截后，就完成了授粉。那些金色的毛，长在一粒一粒的果实基部，等到果实成熟脱落后，会残存在花序轴上。

这是绿色型的金色狗尾草，花序是不是很像可爱的小狗尾巴呢？

开花后，
雄蕊才会
露出来

花还没开的时
候，雌蕊的顶
端就探出来了

茶色的花瓣，
黄色的雄蕊，
打扮的很雅致

地杨梅是风媒花,在郊野草地和公园草坪上常见。

地杨梅
Luzula capitata

灯心草科 地杨梅属

♀花期 4~5 月 ✳ 多年生草本

🖊 高 10~30cm

地杨梅的花是两性花,有雌雄蕊异熟现象。花还没有开放时,雌蕊先成熟,过一段时间,花朵摇身一变,张开花瓣,露出雄蕊,这种现象可以避免自花传粉。等到果实成熟后再看,每朵花都结出了 3 颗种子,聚在一起非常可爱。种子上有白色的胶状结构,可以吸引蚂蚁搬运取食,似乎也像是童话世界中的场景呢。在日语中,地杨梅名叫"雀の槍",直译就是麻雀的枪,这个充满童话色彩的名字是因为它的花序形状很像古代仪仗使用的带穗长枪,却又非常矮小,顶多只能让麻雀扛着。

蚂蚁特别爱吃这白色的部分

"枪穗"上有密集的雄蕊

种子成熟啦

163

棱角分明的星
形,很帅气哦

一个接一个地
开放,就像手
持的烟花一样

毛穗状
的雌蕊可以
捕捉花粉

坚被灯心草和灯心草是同属的近亲,不过灯心草
是榻榻米重要的原材料,而坚被灯心草却没有什
么利用价值,整天在地上被人踩、被车轧。它虽
然是种存在感稀薄的杂草,不过透过放大镜看,
还是能发现它那不为人知的美丽之处,雌蕊把雄
蕊散布出去的花粉轻轻地拢在身边,孕育出果
实。果实的内部有着无数被黏液包裹着的细小种
子,人或车经过时,就会粘在鞋底、轮胎上,传
播到远方。

叶和花序轴都很柔韧,
就算被踩倒,也能迅
速竖起。

坚被灯心草

Juncus tenuis

灯心草科 灯心草属

♀ 花期 6~9 月 ✳ 多年生草本
🌡 高 10~50cm

实物大小

雌蕊的柱头像
鸡毛掸子一样，
毛茸茸的

165

小穗扁平，上面整整齐齐地排列着古铜色、淡褐色和暗绿色的条纹，就好像用传统工艺编制出的腰带一样。茎坚韧牢固，横截面是钝三角形。

球穗扁莎

Cyperus flavidus

实物大小

莎草科 莎草属

♀花期 8~10 月 ✳一年生植物
▰ 高 20~40cm

球穗扁莎生长在水田和湿地中，叶片非常细，宽度只有 1~2mm。秋天会长出手持烟花般的花序。每个小穗上都有两列左右平行的小花，雌蕊和雄蕊从其中探出。

莎草科植物的花大集合！

莎草科是一类叶片细长的单子叶植物，许多小花密集成穗状，大多数种类的茎是三棱形，也有些种类的叶退化，负责光合作用的结构是绿色的茎。它们大多生活在水边，利用风力传播花粉。

三棱水葱

Schoenoplectus triqueter

实物大小

莎草科 水葱属

♀花期 7~10 月 ✳多年生草本
▰ 高 50~120cm

三棱水葱分布于池沼、河岸的湿地，三棱形的茎秆笔直生长，顶端的小分枝上长着 2~3 个水滴形的小穗，全株几乎没有叶。

从小穗上的缝隙中伸出来的丝状结构是雌蕊的柱头，小穗着生部位往上的部分不是茎，而是苞片。

无刺鳞水蜈蚣

Cyperus brevifolius var. leiolepis

莎草科 莎草属

♀ 花期 7~10 月 ✳ 多年生草本

🔬 高 5~20cm

无刺鳞水蜈蚣的茎秆顶端长着绣球一样的圆形花序，在溪边、草坡和公园的草坪里经常能够看到它们。

实物大小

许多短粗的小穗聚成球状，开花时，白色的雌蕊柱头先探出头来，随后雄蕊的黄色花药才成熟、伸出。

细秆萤蔺

Schoenoplectiella hotarui

实物大小

莎草科 水葱属

♀ 花期 7~10 月 ✳ 一年生草本

🔬 高 15~60cm

细秆萤蔺生长在沼泽、湿地中，茎秆直立，横截面圆形。小穗着生位置往上的部分是苞片，乍看上去好像是茎的中段开出了花。

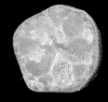

小穗卵形，数个聚在一起生长，白色的丝状结构是雌蕊柱头，圈圈里的花上露出来的黄色部分是雄蕊花药。

茎顶端的分枝上长有许多水滴形的小穗，包括同属的三棱水葱和细秆萤蔺。它们的萼片和花瓣上都有倒刺，成熟以后也不脱落，挂在候鸟身上传播。

水葱

Schoenoplectus tabernaemontani

莎草科 水葱属

♀ 花期 7~10 月 ✳ 多年生草本

🔬 高 80~200cm

实物大小

水葱生长在池沼、河岸，圆柱形的茎秆又长又粗，但是没有叶子。它和萤蔺、灯心草等植物一样，茎中都有海绵状的通气组织，可以给水底的根和地下茎输送氧气。

花被片的尖端
有一点点毛

玉竹

Polygonatum odoratum var. pluriflorum

天门冬科 黄精属

♀ 花期 4~6 月 ✳ 多年生草本

🌱 高 30~60cm

实物大小

地下茎横走，地上茎直立，
每节上有 1~2 朵下垂的花。

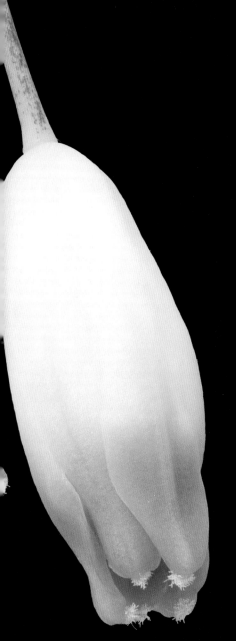

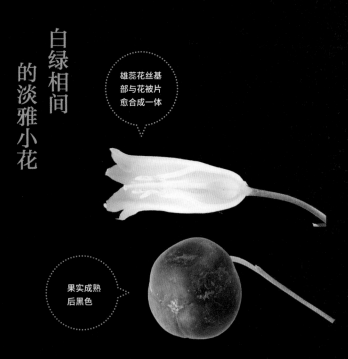

白绿相间
的淡雅小花

雄蕊花丝基
部与花被片
愈合成一体

果实成熟
后黑色

左边的这个照片是从蜜蜂的视角看到的玉竹花；如果是从人站立的视角看下去，那就只是单纯的白色。它们花朵向下开放的意义，是可以只招待身强体健的熊蜂，而把苍蝇、蜂虻这些小虫拦在门外。熊蜂有着很强的学习能力，是玉竹忠实的客人，传粉效率很高。玉竹花被片顶端的毛束，其实是花蕾期把它们别在一起用的挂锁。野生的玉竹大多分布在山间林下，现在也被培育出了一些斑叶园艺品种。

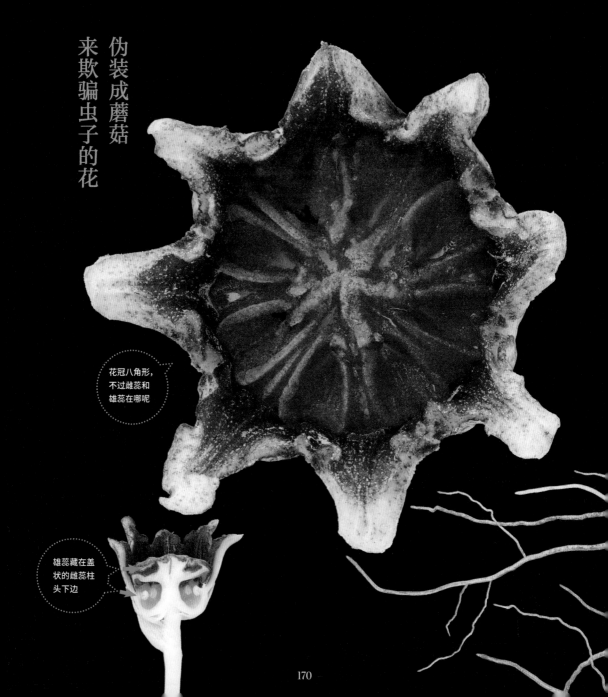

伪装成蘑菇
来欺骗虫子的花

花冠八角形，
不过雌蕊和
雄蕊在哪呢

雄蕊藏在盖
状的雌蕊柱
头下边

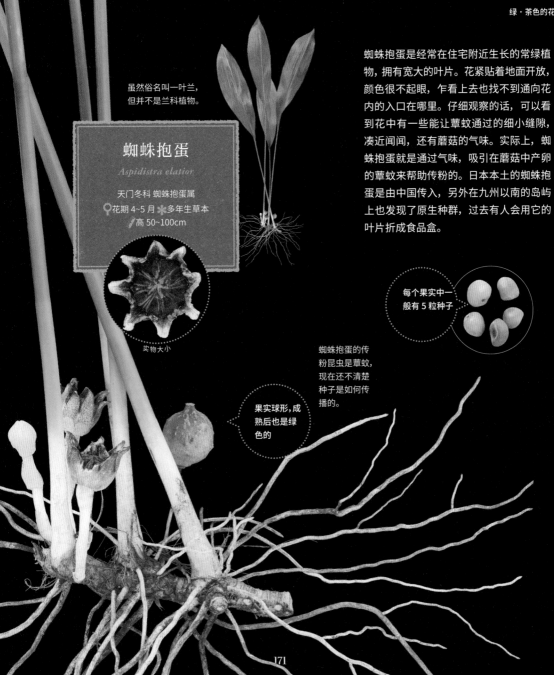

蜘蛛抱蛋是经常在住宅附近生长的常绿植物，拥有宽大的叶片。花紧贴着地面开放，颜色很不起眼，乍看上去也找不到通向花内的入口在哪里。仔细观察的话，可以看到花中有一些能让蕈蚊通过的细小缝隙，凑近闻闻，还有蘑菇的气味。实际上，蜘蛛抱蛋就是通过气味，吸引在蘑菇中产卵的蕈蚊来帮助传粉的。日本本土的蜘蛛抱蛋是由中国传入，另外在九州以南的岛屿上也发现了原生种群，过去有人会用它的叶片折成食品盒。

虽然俗名叫一叶兰，但并不是兰科植物。

蜘蛛抱蛋
Aspidistra elatior

天门冬科 蜘蛛抱蛋属
♀ 花期 4~5 月 ✳ 多年生草本
🗡 高 50~100cm

实物大小

每个果实中一般有 5 粒种子

果实球形，成熟后也是绿色的

蜘蛛抱蛋的传粉昆虫是蕈蚊，现在还不清楚种子是如何传播的。

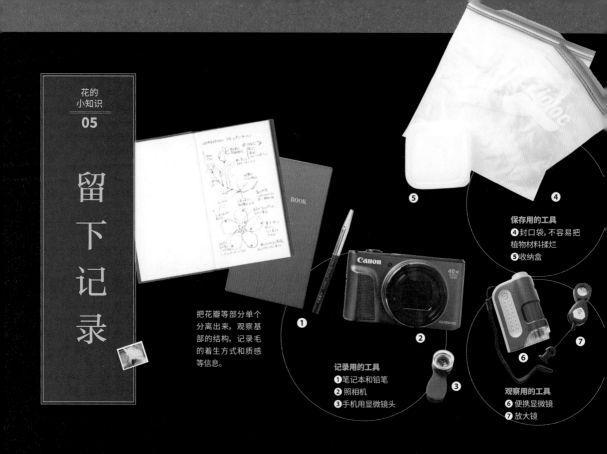

留下记录

把花瓣等部分单个分离出来，观察基部的结构，记录毛的着生方式和质感等信息。

记录用的工具
❶ 笔记本和铅笔
❷ 照相机
❸ 手机用显微镜头

保存用的工具
❹ 封口袋，不容易把植物材料揉烂
❺ 收纳盒

观察用的工具
❻ 便携显微镜
❼ 放大镜

在通过放大镜观察美丽的微观世界时，你想不想把这一切记录下来呢？

要想做观察记录，首先要准备好铅笔和笔记本，铅笔也可以换成自动铅笔、钢笔、签字笔等。笔记本以携带方便为佳，这样就可以仔细地记录下日期、环境、植物全株和部分结构的描述、数值以及其他细节。

其次，要留下照片记录。如果用照相机，最好选择有微距功能的数码相机。当然，用手机拍照也可以，若是配上一种手机专用的外挂微距镜头，那么放大倍数就更高了。

如果准备了封口袋或者收纳盒，那么就可以直接将在野外采集到的植物组织比较完好地带回来，不容易弯折或

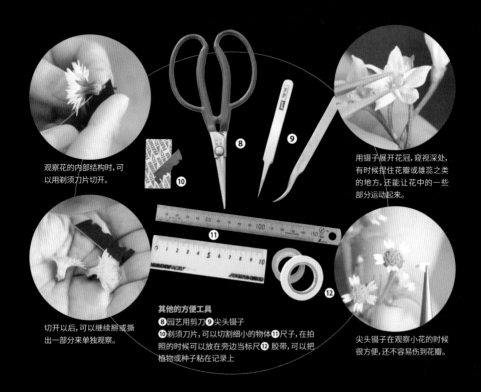

观察花的内部结构时，可以用剃须刀片切开。

用镊子展开花冠，窥视深处，有时候捏住花瓣或雄蕊之类的地方，还能让花中的一些部分运动起来。

切开以后，可以继续掰或撕出一部分来单独观察。

其他的方便工具
❽园艺用剪刀 ❾尖头镊子 ❿剃须刀片，可以切割细小的物体 ⓫尺子，在拍照的时候可以放在旁边当标尺 ⓬胶带，可以把植物或种子粘在记录上

尖头镊子在观察小花的时候很方便，还不容易伤到花瓣。

损伤。在仔细观察后，还可以将植物的叶子夹在书里阴干，制成可以长期保存的叶片标本。这样一来，利用图鉴来鉴定一些不认识的植物时，如果手头有标本，那可就事半功倍了。

在野外观察时，最好再带上一个放大镜，倍数为 10~25 倍的放大镜足以观察到很多微小的细节。最近通过网购，还可以买到一种手持的微型显微镜，它的光源是 LED 灯，放大倍数 60~120 倍，可以当做体视显微镜使用，把手机镜头贴近目镜就可以拍照。

此外，还有许多方便的小工具，比如镊子、尺子、胶带、剪刀、剃须刀片等。以上这些都准备好以后，就可以向野外进发了！

取食王瓜叶片的虫子

在观察植物时，经常会看到一些令人生厌的虫子，比如，缠绕在绿篱上的王瓜的叶片上，常常有瓜茄瓢虫的幼虫。因为是路边杂草，无人喷药灭虫，所以这些幼虫就肆无忌惮地狼吞虎咽地啃食着叶子。

但是，像这样取食葫芦科植物的虫子并不多，因为野生的葫芦科植物大都像苦瓜那样，拥有强烈的苦味，令昆虫望而却步。

瓜茄瓢虫和七星瓢虫很像，只是鞘翅没有反光，上面的黑点是 10 个，而非 7 个。很多人都以为所有的瓢虫都捕食蚜虫，是农林益虫，但其实益虫只有像异色瓢虫和七星瓢虫这样的肉食性瓢虫。瓜茄瓢虫是植食性的，成虫和幼虫都以王瓜为食。幼虫长得像个浑身带刺的毛虫，看起来完全不像瓢虫的孩子。它们会钻进叶片内部吃掉叶肉，剩下表皮，留下来彩绘玻璃一样的啃食痕迹。

如果仔细观察，还会发现一些有趣的地方。幼虫在开始吃叶片之前，会一边爬一边咬出许多连在一起的圆形，最后这些伤口会连成一个圆环。然后，幼虫们从圆周的内侧开始啃食。为什么这样做呢？原来是为了让苦味的汁液从伤口排出，便于它们毫无顾忌地饱餐一顿。同属于鞘翅目的黄守瓜和黑足黑守瓜也以王瓜为食，它们在正式开吃之前，也会在叶片上啃出来环形的伤口，不过和瓜茄瓢虫不同，它们会连表皮也一起吃光。吃完以后，叶片上会留下一个大洞。还真是有办法呢！我对虫子开始有些兴趣了。

杂草的过去与未来

杂草的出现

在人类出现之前，杂草们都居住在什么样的环境里呢？

以虎杖为例，它是日本的原生植物，在平原、山区都广泛分布，原本的生境是崩塌的山岩地带和火山周边的砂砾地区。路旁、空地等人工环境和原生环境很像，所以在这些地方经常能够看到虎杖的身影。作为杂草，它们算是成功者。再比如说野慈姑和水芹这样的小型湿地植物，也经常生长在水田等类似的环境里。

日本原本是个水资源丰富、森林和山地覆盖率都很大的国家。人类砍伐森林、修建城镇、铺设道路、开荒耕种，这些建设活动产生了很多边边角角的小块环境，那些成功定居进去的植物，就被人们称为杂草。

事实上，杂草们的分布区域在这几十年里发生了非常大的变化，后面我也会说到，这和第二次世界大战后社会高速发展导致的自然环境剧变有很大关系。

通过种子或地下茎繁殖

潜伏在地下的种子、利用风或鸟传播的种子、粘在人类鞋底旅行的种子……各种令人意想不到的种子都在土壤中等待着出场的机会。有些种子一旦错失时机，就要在土中休眠数十年，等水分、光照、温度等环境条件都适宜的时候，才会瞬间觉醒，争先恐后地萌发。动作快的种子率先萌芽展叶，遮住了阳光，下面那些慢了半拍的种子就只能继续沉眠，等待下一次机会的到来。

在那些施工时翻动过的填土区域，土壤中除了种子，往往还混杂着许多块根、球根和地下茎，它们也能生长、萌发，如果被切碎了，经常能从碎片上长出更多的新芽。这种繁殖方式比种子萌发更快，一些多年生植物就是这样在新的环境中迅速形成群落。

人们在庭院拔草的时候，会带出来深处的土壤；农民在耕作的时候，会开着农用机械在田地中来回翻耕；拆屋重建等大型施工时，地面会被挖土机整体挖开，大量的土壤乘着卡车被堆到远处。在这些被翻出的土壤里，就藏着许多蓄势待发的种子、根和地下茎，可以说，人类很慷慨地给杂草提供了栖身之所。

漂洋过海的杂草

我们现在看到的杂草，很多都是漂洋过海而来的外来种，那些较早传来的种类，大多是随着农业文明的扩散，混杂在农作物中到达日本的野草。

古时的人们在大自然中开辟出肥沃的农田，也带来了干燥的荒地，这些都是前所未有的全新环境，那些被人类带来的新植物，没过多久，就在新环境中生长、繁衍。

因为人类活动而从外国传来的植物，一般叫做外来植物，其中一些逸为野生、适应了本地环境的种类，就叫做归化植物。有些植物在日本有历史记载之前就已经传来了，日语中称之为史前归化植物，比如荠菜、酢浆草、宝盖草、长鬃蓼、鼠麴草、野罂粟等。它们在中国和朝鲜半岛有自然分布，但是在日本，只生长在人类居住的区域，深山中难得一见，所以按理说不应该是日本原生植物。

随着时代变迁，传入日本的植物种类也越来越多，像蕺菜、薏苡、石蒜、紫云英、蝴蝶花等植物，虽然没有留下具体的传入记录，但很可能是在古代作为各种实用植物从大陆引入，后来才逸为野生的。

江户时代末期，日本打开了国门，外来植物也随之迅速增加，来自欧美的杂草们陆陆续续地来日定居。比如春飞蓬、红花酢浆草、高大一枝黄花等最初都是园艺花卉，到日本以后变成了杂草。而白车轴草、红车轴草、药用蒲公英这些种类，最早是作为优质牧草引入的。还有许多植物是伴随着人员流动而来。人们一般说的归化植物，指的大多就

是这个时代传到日本的物种。

外来植物数量增长最快的时期，就是20世纪的50~70年代，当时日本社会经济高速发展，填海造地、河流整治、道路建设、住宅开发等工程开展得如火如荼，制造出许多到处扬尘的干燥空地，正好为那些来自干旱地区的外来植物提供了宾至如归的生存环境。比如高大一枝黄花，就是在这段时间突然泛滥起来的，现在成片生长得如同草原一般。

四分之一的原生物种濒临灭绝

在外来物种日渐繁盛的同时，日本的原生植物变得越来越少了。随着城乡的逐渐开发，人们改变了生活习惯，乡村山林的环境也随之发生了很大变化。梯田、小河、杂木林、蓄水池、芒草草原等环境逐渐消失，荒地和干燥空地不断增多。像地榆、羊乳、野百合、瓜子金、野凤仙花这些原本常见的野生植物也失去了容身之所。现在，日本的原生植物中，有四分之一的种类都面临着灭绝的风险。

在日本的原生生态系统中，植物、昆虫、鸟类等其他生物共同构成了错综复杂的关系网，原生植物的减少，势必会影响到其他各种生物的生存。

新的威胁

现在的地球环境，面临着一些宏观上的巨大威胁，比如水和环境污染、全球气候变暖所带来的旱灾和森林火灾，这都对野生动植物的生存和分布造成了很大影响。

以日本为例，最近就可能面临的一个环境威胁，就是野鹿大量繁殖对植被造成破坏。

野鹿首先会选择好吃的植物，而留下那些具有强烈气味或者有毒、有刺的植物。如果在一片山林中，野鹿所讨厌

的银线草和及己变多，那就意味着当地的野鹿数量增多。当将好吃的植物吃光后，野鹿会饥不择食地将不爱吃的植物也统统吃尽，连地表上的落叶也不会放过。没有植物和落叶覆盖的土壤，很容易发生流失，这最终导致树苗无法生长，只剩下裸露的岩石，呈现出一片荒废景象。目前，像这样的生态问题，日本各地都有所逐渐增加。

杂草与人类的未来

杂草生活在人类的身边，既利用人类完成传播，又躲在人类的视线之外，慢慢扩大自己的势力。

最近，一些地被植物和观赏水草，也开始有了逸生为杂草的趋势。比如过江藤这样的植物，原本一直生活在环境恶劣的海岸上，一旦种在肥沃的环境里，过不了多久就会泛滥，变为杂草。每年都有不少从海外引进的植物，用不了多久，就走上了变为杂草的道路。

在农业领域中，也诞生了不少新世代的"英雄"，就是那些免疫各种除草剂的"超级杂草"，小蓬草和牛筋草是其中的佼佼者，可以说是那些受困于除草剂的杂草对人类发起的反击。

早熟禾是一种禾本科的小杂草，混生于高尔夫球场的草皮中。生长在修剪严重的球道上的个体，会在贴近地面的位置开花，而长在轻微修剪的高草区的个体，花序会伸得很高，两者之间产生了遗传差异。这是长久以来早熟禾在应对人类修剪的过程中发生的演化。

前面提到的野鹿灾害，也受到了植物的反抗。日本的宫城县金华山有许多野鹿，当地的蓟身上的刺变得十分尖锐，车前的植株也长得更加矮小，花序横生，让鹿很难注意到。

杂草确实不易对付，但是杂草这个定义，是伴随着我们人类活动才出现的。它们其实都是在人类的身边环境中努力生存的植物。

应该说，杂草所生存的世界，也是我们人类生存的世界。

译后记

吴昌宇

我的专业是植物学。作为一名非翻译专业出身的人，受邀翻译《花朵的秘密生活——杂草之美》1、2册这两本书的经过，多少有点机缘巧合。由于多年来一直从事以植物方向为主的科普创作工作，不敢说水平多高，见识多广，但同行的各种作品也看过不少，然而，当拿到这两本书的日文原版后，还是着实眼前一亮。书的原书名为《美しき小さな雑草の花図鑑》和《もっと美しき小さな雑草の花図鑑》，虽然有"图鉴"两字，但是书中的内容和表现形式与一般意义上的图鉴，完全不同。

两本书的文字作者多田多惠子是一位日本著名植物学家，摄影者大作晃一则是著名自然摄影家。这两本书在物种的选取上并不求全，每本都只选取了70种左右的植物，还都是所谓的"大路货"，一个珍稀濒危的物种都没有。但却以非常优秀的拍摄手法和精美的排版方式，向读者展示了这些看起来不起眼的植物很多有意思的生存细节。换句话说，这套书的两位作者的创作心态，并不是要像老师一样，以教会读者多少知识为目的，而更像是美食探店博主，去过一家店感觉很好吃，就把自己的经验写出来与大家分享。光是这种创作心态，我认为就值得我们创作者学习，

别的好处不说，它至少能让读者读起来更放松、更舒服。

在翻译的过程中，我也不可避免地遇到了一些困难，最多的就是物种的中文译名问题。这两本书中提到的绝大多数物种，在我国都有分布，只有少数几种我国目前没有，并且也没有公认使用的中文译名，比如 *Desmodium paniculatum* 这个物种，日文名汉字写作"荒れ地盗人萩"，"盗人萩"在我国有分布，现在的中文正名叫"尖叶长柄山蚂蝗"，如果按汉字直译，就要叫"荒地尖叶长柄山蚂蝗"了，很明显会给读者增添阅读困难。所以我只好根据学名中种加词的拉丁文词义，暂拟一个"锥花山蚂蝗"，如果有读者之后在权威学术资料中见到了其他译名，请以此为准。

另外，还有几个物种涉及到不同的分类学观点，比如美洲鳢肠和鳢肠、光千屈菜和千屈菜是合并还是分开？日本的马棘和中国的河北木蓝是不是同物异名？出于尊重原作者的考虑，我在正文中都是按照原观点翻译的，最多只是加了一句译注作为提示。

科学研究在不停发展，日后不管是哪种观点得到了更广泛的认同，也请各位对另一方观点多多包涵。

图书在版编目(CIP)数据

花朵的秘密生活 . ② / (日) 多田多惠子著 ; (日)
大作晃一摄 ; 吴昌宇译 . -- 北京 : 中国林业出版社 ,
2024.01（2024.08 重印）
　ISBN 978-7-5219-2408-4

　Ⅰ . ①花… Ⅱ . ①多… ②大… ③吴… Ⅲ . ①花卉一
普及读物 Ⅳ . ① S68-49
　中国国家版本馆 CIP 数据核字 (2023) 第 203243 号

MOTTO UTSUKUSHIKI CHIISANA ZASSOU NO HANAZUKAN
2020 by TAEKO TADA & KOUICHI OSAKU
First Published in Japan in 2020 by Yama-Kei Publishers Co., Ltd.

Simplified Chinese Character rights 202_ by Beijing shijin baohe Culture Commnication Company, Ltd.
arranged with Yama-Kei Publishers Co., Ltd. Through Future View Technology Ltd.

著者:多田多惠子
摄影:大作晃一
译者:吴昌宇
出版发行:中国林业出版社
　　　　（100009 北京市西城区刘海胡同 7 号）
电话:010-83143565
印刷:鸿博昊天科技有限公司
版次:2024 年 1 月第 1 版
印次:2024 年 8 月第 4 次
京权图字:01-2023-5393
开本:170mm*185mm 1/24
印张:7.5
字数:180 千字
定价:79 元